西北工业大学精品学术著作
培育项目资助出版

螺栓连接结构的
超声检测与监测技术

杜飞 朱林波 徐超 著

国防工业出版社
·北京·

内 容 简 介

本书系统介绍了螺栓连接结构超声检测与监测的基础理论与技术基础,主要内容包括:螺栓连接力学性能的数值分析方法,螺栓连接结合面接触特性的超声体波检测方法,螺栓预紧力的超声体波检测方法,螺栓预紧力的超声导波监测方法,基于深度学习的超声导波监测方法。

本书适合螺栓紧固件、精密装配、智能检测、结构健康监测等领域的专业人员参考和借鉴。

图书在版编目(CIP)数据

螺栓连接结构的超声检测与监测技术 / 杜飞,朱林波,徐超著. -- 北京:国防工业出版社,2025.1.
ISBN 978-7-118-13595-4
Ⅰ. TH131
中国国家版本馆 CIP 数据核字第 2025AM2520 号

※

国防工业出版社 出版发行
(北京市海淀区紫竹院南路23号 邮政编码100048)
北京凌奇印刷有限责任公司印刷
新华书店经售

*

开本 710×1000 1/16 插页 1 印张 13¾ 字数 235 千字
2025 年 1 月第 1 版第 1 次印刷 印数 1—1300 册 定价 86.00 元

(本书如有印装错误,我社负责调换)

国防书店:(010)88540777 书店传真:(010)88540776
发行业务:(010)88540717 发行传真:(010)88540762

序

　　螺栓紧固件是最常用的机械基础零部件，广泛应用于航空航天、兵器、机械制造、交通运输等领域的重大装备中。包含紧固件在内的机械基础零部件直接决定着重大装备和主机产品的性能、水平、质量和可靠性，是实现我国装备制造业由大到强转变的关键。将螺栓和配套螺母作为紧固件的概念可以追溯到 15 世纪，虽然已经过数百年的发展，当前螺栓紧固件力学性能的形成与保障仍然是学术界和工业界关注的重要问题。

　　螺栓连接部力学性能的无损检测或在线监测是保障主机产品装配性能和可靠服役的重要环节，超声技术是其中重要的技术手段，已逐步在飞行器、风电机组等装备的螺栓连接检测与监测中应用。目前缺少关于螺栓连接性能的超声检测和监测方面的专门技术书籍，为此本书作者将近年来的研究成果进行总结提炼，并结合相关专著及研究成果撰写了本书。杜飞和朱林波是我十多年前的博士生，就读博士期间分别开展了螺栓连接结合面机械性能的超声检测、螺栓连接力学分析等方面的研究工作。杜飞博士毕业后在西北工业大学开展了螺栓松动、连接损伤的超声监测技术研究，取得了较好的成果。

　　祝贺《螺栓连接结构的超声检测与监测技术》一书的成功出版，本书的编写注重基础理论，同时能结合最新的发展前沿，希望能够为相关技术人员提供较好的参考。

2024 年 9 月

前 言

螺栓连接易于安装和拆卸，在各类机械结构中被广泛应用，但是螺栓连接部位的存在破坏了结构的连续性和整体性。螺栓连接部位的力学性能，包括连接刚度、接触压力分布、螺栓预紧力等会直接影响机械结构的整体性能以及服役可靠性。因此对螺栓连接部位的力学性能进行无损检测或在线监测成为保证连接结构可靠服役的重要手段。

固体中的超声波是频率高于 20kHz 的弹性波，可以很容易地穿透各类固体介质，是无损检测和结构健康监测的重要技术，特别是近年来在螺栓连接性能检测和监测中的应用日益增多，受到学术界和工业界的广泛关注。

本书力求较为全面地介绍螺栓连接力学性能的超声检测和监测的相关理论基础和技术方法。全书共六章，第 1 章为绪论，论述了相关需求背景和技术发展现状；第 2 章论述了螺栓连接力学特性的数值分析方法，以说明连接力学性能的形成机理；第 3 章论述了螺栓结合面接触性能的超声无损检测方法，包括接触刚度和压强分布的超声检测；第 4 章介绍了螺栓预紧力的超声体波检测方法；第 5 章论述了薄壁结构中螺栓松动的超声导波监测理论基础和主要方法；第 6 章结合近年来快速发展的深度学习技术，论述了螺栓松动的超声导波智能监测方法。

本书内容是在相关著作和国内外最新研究成果的基础上，结合作者和研究团队科研成果的总结提炼而成，注重介绍基础理论和应用，专业性较强，适合相关领域的研究生和专业技术人员参考使用。本书编写过程中受到了西安交通大学洪军教授的指导和帮助，在此表示衷心感谢。

限于作者水平，书中难免存在不足和错误之处，敬请广大读者批评指正。

作者
2024 年 9 月

目 录

第1章 绪论 ·· 3
1.1 螺栓连接检测与监测需求 ·· 3
1.2 螺栓连接的力学特性 ··· 5
    1.2.1 螺栓预紧力—拧紧力矩关系 ··· 5
    1.2.2 螺栓连接结合面压力分布 ··· 7
    1.2.3 螺栓连接松动机理 ·· 9
1.3 螺栓连接结合面接触特性检测 ·· 11
    1.3.1 螺栓结合面接触特性的薄膜检测 ································· 12
    1.3.2 螺栓结合面接触特性的超声检测 ································· 13
1.4 基于超声体波的螺栓松动检测 ·· 16
1.5 基于超声导波的螺栓松动监测 ·· 18
    1.5.1 螺栓连接中导波传播理论分析 ···································· 19
    1.5.2 螺栓松动监测的线性方法 ··· 20
    1.5.3 导波时间反转方法 ·· 21
    1.5.4 螺栓松动监测的非线性方法 ······································· 22
1.6 机器学习在螺栓松动监测中的应用 ······································ 23
    1.6.1 基于机器学习的螺栓松动识别 ···································· 23
    1.6.2 基于深度学习的螺栓松动识别 ···································· 25
    1.6.3 数据驱动的超声导波温度补偿方法 ····························· 27

第2章 螺栓连接力学特性的数值分析 ·················· 31

2.1 考虑螺纹三维几何特征的螺栓连接预紧力形成机理 ·················· 31
- 2.1.1 考虑螺纹三维几何特征的螺栓连接数值模型构建 ·················· 31
- 2.1.2 摩擦系数对螺栓连接预紧力的影响规律分析 ·················· 37

2.2 考虑微观形貌的螺栓连接结合面压力分布计算 ·················· 42
- 2.2.1 粗糙表面形貌处理 ·················· 42
- 2.2.2 螺栓连接宏微观有限元模型构建 ·················· 48
- 2.2.3 螺栓连接宏微观跨尺度模型验证 ·················· 51

2.3 螺栓连接结合面压力分布影响因素分析 ·················· 53
- 2.3.1 被连接件厚度对结合面接触性能的影响 ·················· 53
- 2.3.2 预紧力对结合面接触性能的影响 ·················· 57
- 2.3.3 螺栓规格尺寸对结合面接触性能的影响 ·················· 60

第3章 连接结合面接触特性的超声体波检测 ·················· 65

3.1 结合面接触特性的超声检测原理及反射率 ·················· 65
- 3.1.1 接触特性的超声检测原理 ·················· 65
- 3.1.2 连接结合面超声反射率计算方法 ·················· 67

3.2 连接结合面接触刚度检测方法 ·················· 68
- 3.2.1 结合面超声传播模型概述 ·················· 68
- 3.2.2 结合面超声传播的串联弹簧—阻尼模型 ·················· 70

3.3 连接结合面接触压强分布检测方法 ·················· 74
- 3.3.1 标定实验与接触压强—反射率曲线构建 ·················· 74
- 3.3.2 面向接触压强检测的超声模糊效应 ·················· 76

3.4 连接结合面接触刚度超声检测实例 ·················· 78
- 3.4.1 结合面接触刚度的超声检测装置 ·················· 78
- 3.4.2 结合面接触刚度测试试件 ·················· 79
- 3.4.3 结合面微观接触理论及接触刚度预测 ·················· 80
- 3.4.4 结合面的超声检测结果与对比 ·················· 82

3.5 连接结构接触压强超声检测实例 ·················· 86
- 3.5.1 螺栓结合面超声检测试验 ·················· 86
- 3.5.2 铆钉结合面超声检测试验 ·················· 89

第4章 螺栓预紧力的超声体波检测 ············ 97

4.1 螺栓预紧力超声体波检测的理论基础 ············ 97
4.2 螺栓预紧力的超声体波检测方法 ············ 99
4.2.1 单波法 ············ 99
4.2.2 双波法 ············ 101
4.3 超声波声时测量方法 ············ 103
4.3.1 超声回波信号滤波方法 ············ 103
4.3.2 过零检测法 ············ 104
4.3.3 互相关法 ············ 105
4.4 超声体波检测实例 ············ 105
4.4.1 螺栓及检测试验装置 ············ 106
4.4.2 螺栓及检测结果 ············ 107

第5章 螺栓预紧力的超声导波监测 ············ 113

5.1 超声导波理论基础 ············ 113
5.2 螺栓接触面积对超声导波传播影响机理分析 ············ 115
5.2.1 螺栓连接中超声导波传播的有限元分析 ············ 116
5.2.2 螺栓搭接结构中超声导波传播的半解析分析方法 ············ 121
5.3 螺栓松动超声导波监测的线性方法 ············ 133
5.3.1 波能耗散法 ············ 134
5.3.2 时间反转监测方法 ············ 135
5.3.3 改进时间反转法 ············ 137
5.4 线性特征的监测方法验证实例 ············ 140
5.4.1 数值仿真验证 ············ 140
5.4.2 螺栓松动监测实验 ············ 141
5.5 超声导波监测的非线性方法 ············ 148
5.5.1 螺栓松动的振动声调制监测理论基础 ············ 148
5.5.2 螺栓松动的振动声调制监测实验 ············ 150
5.5.3 振动声调制监测试验结果 ············ 152

第 6 章　螺栓松动的深度学习导波监测 ································ 157

6.1　卷积神经网络理论基础 ································ 157
6.1.1　卷积操作 ································ 157
6.1.2　池化操作 ································ 158
6.1.3　激活函数 ································ 159
6.1.4　全连接层 ································ 160
6.1.5　损失函数 ································ 160

6.2　基于卷积神经网络的多螺栓松动导波监测 ································ 161
6.2.1　导波信号预处理方法 ································ 161
6.2.2　螺栓松动识别的卷积神经网络结构 ································ 162
6.2.3　多螺栓松动的卷积神经网络检测实验 ································ 163
6.2.4　结果分析与讨论 ································ 166

6.3　基于小样本学习的螺栓预紧力导波监测 ································ 167
6.3.1　小样本学习理论基础 ································ 167
6.3.2　基于改进原型网络的螺栓松动监测方法 ································ 170
6.3.3　多螺栓松动的小样本检测试验 ································ 173
6.3.4　螺栓松动识别结果分析 ································ 176

6.4　基于多任务学习的导波温度补偿及螺栓预紧力监测 ································ 180
6.4.1　温度对于超声导波的影响机制 ································ 181
6.4.2　基于多任务学习的温度补偿与松动识别方法 ································ 181
6.4.3　多螺栓松动检测试验 ································ 184
6.4.4　多螺栓松动试验结果分析 ································ 187
6.4.5　模型的解释 ································ 192

参考文献 ································ 194

绪论

第 1 章

绪 论

1.1 螺栓连接检测与监测需求

螺栓连接结构是通过螺栓与螺母将被连接件连接在一起的可拆卸连接结构。和焊接、铆接和胶接等形式相比，螺栓连接具有连接强度较高、便于装拆、互换性好、成本低等优点，在机械设备、航天航空等领域广泛应用。然而，由于界面的不连续性，螺栓连接部位也是结构中较薄弱的部位。结构在长期服役过程中，可能承受多种恶劣载荷的作用，如冲击、振动、周期性热载荷等。由于安装过程中的预紧力加载不当，螺栓连接很容易在外载荷的作用下出现松动、断裂等损伤[1]。螺栓松动是工程中设备结构失效的主要形式之一，特别是在服役环境恶劣的飞机、导弹、汽车、风力发电机等重大装备中，关键部位螺纹连接的失效将直接影响设备的正常运转，降低设备工作效率，甚至导致机毁人亡的恶性事故。如 2007 年中华航空 120 号航班由于机翼缝条止挡螺丝发生松动，造成油箱穿刺渗漏，爆炸起火，如图 1 – 1 所示[2]。2011 年，由于重要部件的螺栓多次松动，韩国海军 3 艘 214 级潜艇不得不被禁航[3]。在大型风力发电机组方面，大型风电机组多在人迹罕至的偏远地区或近海地区服

图 1 – 1 中华航空 120 号航班事故[2]

役，长时间在振动、交变负荷等恶劣工况下工作，机组中大量的连接螺栓存在松动、断裂等故障风险。以国电集团某风电场为例，其在2020年就出现了16台次螺栓断裂的问题，累计停机4454.5小时，按照每小时损失500元计算，发电量损失约220万元。

目前，对飞行器、风电机组等结构的维护通常采用的是定期检查等方式。以风电机组为例，风场一般采用目视或者重复拧紧的人工定时检修或巡检的方式对螺栓松动进行检测，该方法存在效率低、易漏检、成本高、实时性差和人员安全风险高等缺点，且无法实现对结构状态的实时监测。采用集成式或便携式的无损检测或结构健康监测技术对螺栓松动进行检测或监测，成为提高螺栓连接可靠性进而保证装备安全运行的重要手段。

近年来，结构健康监测技术（Structural Healthy Monitoring，SHM）得到了快速发展。根据国际航空航天工业SHM指导委员会的定义[4]，结构健康监测是指通过在被监测结构中集成传感器，并从传感器获取和分析数据以确定结构健康状况的过程。而欧洲空中客车公司（Airbus）认为结构健康监测等同于在结构上内置的无损检测技术，用于监测结构上的缺陷、损伤、应力、状态和属性[5]。螺栓松动是结构健康监测或原位无损检测关心的工程问题之一。对于飞行器、风电机组等结构而言，结构局部的螺栓松动往往不会对结构整体的动态特性产生影响。同时，由于螺栓松动具有非线性、量级小的特点，结构整体的固有频率、模态和频率响应函数等对螺栓连接松动不敏感[6]。因此，基于振动的健康监测技术对于螺栓预紧力的变化灵敏度较低。

超声波是结构健康监测或无损检测的重要技术手段。锆钛酸铅（PZT）、压电纤维复合材料（MFC）等压电传感器具有体积小、重量轻等优点，可直接激励出超声波，易于集成到被测结构中，是实现螺栓松动的原位检测或监测的有效手段。近年来，基于超声体波的螺栓松动便携式检测技术、基于超声导波的螺栓松动在线监测技术受到了广泛关注。另外，螺栓连接力学分析是理解螺栓预紧力形成和变换的基础，特别是螺栓连接结合面处的接触特性分布，对于螺栓松动监测具有重要影响。为此本章针对螺栓连接力学特性分析、螺栓结合面接触特性的超声检测、螺栓预紧力的体波检测方法和螺栓预紧力的超声导波监测方法的研究现状进行了综述。

1.2 螺栓连接的力学特性

1.2.1 螺栓预紧力—拧紧力矩关系

目前对螺栓连接质量的控制，主要是将螺栓预紧后所形成的预紧力控制到合适的范围内，即以最终所形成的预紧力作为螺栓连接质量的主要评价指标。在螺栓装配中可能会出现过预紧或预紧力不足等问题。预紧力过大容易导致螺栓断裂、结构件塑性变形等失效问题；与之相反，预紧力过小常常会引发结构件松动、分离、紧固件疲劳等性能问题。

目前螺栓拧紧方法主要有三种：扭矩拧紧法、转角拧紧法及屈服点拧紧法。扭矩拧紧法主要原理为根据拧紧扭矩与预紧力之间存在一定的关系（$T-F$ 关系），通过拧紧工具提供相应的扭矩来保障最终的预紧力；转角拧紧法是根据材料的性能计算出使被连接件精确连接所必需的螺栓伸长量，之后再结合螺纹的螺距推算出螺栓拧紧所需要的转角；屈服点拧紧法的理论目标是将螺栓拧紧到刚过屈服极限点。这三种方法各有优缺点，扭矩拧紧法因其操作方式简单、直观，被广泛应用于工程之中，但影响 $T-F$ 关系的因素较多，采用此种方法所得的预紧力的离散度较大；转角拧紧法最终所形成的预紧力在理论上离散度应该较小，在拧紧过程中一般需按经验判定螺栓与被连接板是否贴合，之后再进行一定角度的拧紧，且在计算螺栓伸长量时难以排除被连接件的变形量，因此此方法更偏重于是一种理论上的方法，在操作上较难实现[7]；屈服点拧紧法的理论目标是将螺栓拧紧到刚过屈服极限点，这种拧紧方法最大限度地发挥了螺纹件强度的潜力，但是它对干扰因素比较敏感，同时对螺栓的性能及结构设计要求极高，控制难度较大，因此拧紧工具的价格十分昂贵。

在理论研究方面，$T-F$ 之间的关系经常被简化为 $T=KDF$，K 为扭矩因子。Juvinall[8] 为扭矩因子提出了一个近似值 0.2，此近似值只适用于对连接精度要求不高的场合；之后 Bickford[9] 提出了一系列考虑连接件材料和配合副表面形貌的扭矩因子 K 的数值，但由于影响 K 的因素过多，使得 Bickford 所确定的 K 值具有很大的局限性。以扭矩因子 K 作为连接 $T-F$ 之间的纽带，这种方法忽略了螺栓节距、螺纹半角等几何参数对 $T-F$ 关系的影响，且只能采用实验才能确定 K 值，因此扭矩系数主要用于实际工程。为了进一步建立 $T-F$ 之间的关系，Motosh[10]提出了一种不考虑螺栓升角的 $T-F$ 计算方法，如下式所示：

$$T = \left(\frac{p}{2\pi} + \frac{\mu_t r_t}{\cos\beta} + \mu_b r_b\right)F$$

$$= \frac{p}{2\pi}F + \frac{\mu_t r_t}{\cos\beta}F + \mu_b r_b F$$

$$= T_p + T_t + T_b \qquad (1-1)$$

式中　T——拧紧扭矩；

　　　F——最终形成的预紧力；

　　　p——螺距；

　　　μ_t——螺纹副摩擦系数；

　　　μ_b——螺栓支承面之间的摩擦系数；

　　　r_b——螺栓支承面的有效半径；

　　　r_t——螺纹有效半径；

　　　β——螺纹半角，按照 ISO 标准，牙型半角为 30°；

　　　T_p——最终形成预紧力的扭矩；

　　　T_t——拧紧过程中克服螺纹摩擦力的扭矩；

　　　T_b——拧紧过程中克服螺栓支承面摩擦力的扭矩。

由式（1-1）可得，影响 $T-F$ 关系的参数主要为 r_t、r_b、μ_t、μ_b，针对这四个因子，国内外众多学者进行了大量的研究。其中，r_t 与 r_b 可以采用理论方法进行计算，μ_t 与 μ_b 由于受到拧紧工艺、表面摩擦副的刚度与弹性等物理因素的影响，因此在研究方面更偏重于实验手段。

Shoberg 等[11]采用接触平均半径计算螺栓支承面及螺纹配合面摩擦扭矩，即等效半径法，此方法简单易行，但是忽略了螺栓连接件其他因素对等效半径的影响。奥克兰大学的 Nassar[12-13]等提出了均布、线性、正弦、指数四种螺栓头支承面假设压力分布方式及其定性适用范围，如图 1-2 所示，根据这四种压力分布形式计算了螺栓头支承面的有效半径，并采用实验方法对螺栓支承面有效半径进行了验证，得到此种方法比等效半径方法更为精确。同样，Nassar[14]针对螺纹配合面，提出了三种压力分布：均布、凹形、凸形的分布方式，如图 1-3 所示，以这三种压力分布方式为基础，计算螺纹配合面的有效半径 r_t。然而螺栓支承面的压力分布受到众多几何因素、物理因素的耦合影响，假设的四种压力分布影响了螺栓支承面有效半径的计算精度。王宁等[15]

基于参数化有限元模型分析了材料、板厚、预紧力等因素对螺栓支承面有效半径的影响。

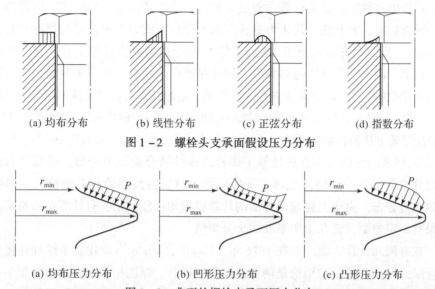

(a) 均布分布　　(b) 线性分布　　(c) 正弦分布　　(d) 指数分布

图 1-2　螺栓头支承面假设压力分布

(a) 均布压力分布　　(b) 凹形压力分布　　(c) 凸形压力分布

图 1-3　典型的螺栓支承面压力分布

在实验研究方面，Sun[16]通过对三种不同等级粗糙表面进行螺栓拧紧试验，分析了不同表面对 $T-F$ 关系的影响，并通过表面形貌观测仪器分别测量拧紧前后的表面形貌，定性地分析了粗糙表面对 $T-F$ 关系的影响机理。Nassar[17-18]等试验研究了拧紧速度、螺栓镀层对 $T-F$ 关系的影响，发现随着镀层粗糙度增大，扭矩系数 K 增大，拧紧速度越大，扭矩系数 K 越小。Oliver[19]研究了不同拧紧速度对润滑及未润滑螺栓 $T-F$ 关系的影响，得到随着拧紧速度的增加，相同的拧紧扭矩会得到更大的预紧力，且拧紧速度对润滑后的螺栓 $T-F$ 关系影响更大。Jiang 等[20]通过试验方法研究了垫片材料对 $T-F$ 关系的影响。

1.2.2　螺栓连接结合面压力分布

结合面压力分布是影响螺栓连接性能最直接的力学特征参数，是研究连接件刚度、连接热导、密封等连接特性形成机理的"理论基础"。因此，被连接件结合面压力分布是评价螺栓连接可靠性的又一个重要指标。

在理论计算方面，Roetscher 首次提出螺栓连接件结合面接触压力分布概念，并认为压力分布为 45°的截锥体，接触压力离中心位置越近就越大[21]。

Fernlund[22]将相同材料及厚度的螺栓连接板简化为单板受力且与刚性平面接触问题,采用弹性力学理论及汉克尔变换方法,计算了螺栓连接件结合面的压力分布,并指出这种计算方法计算过程过于繁杂,难以适用于工程应用,因此提出了一种近似拟合的方法,其认为结合面压力分布方式为关于板长与螺栓直径之比(r/a)呈四次方形式分布。Nassar等[23]对上述四次方模型进行了进一步研究,提出了四次方模型的边界条件:假设在螺孔附近压力分布函数的一次导数和二次导数均为零,求解四次多项式的系数,通过计算得到结合面间的压力分布方式,但该方法只适用于被连接板较厚的情况,具有一定的局限性,且该假设与之后采用试验方法所得到的压力分布不太相符。之后,Chandrashekhara[24]、Sawa等[25]同样采用弹性力学方法计算了螺栓连接件结合面压力分布,得到结合面压力分布范围为$r/a<5$,且对于弹性变形,材料特性参数只有泊松比会影响界面压力分布。由于上述理论方法的计算过程均比较繁杂,且计算结果与实测结果有一定差距,近几十年来发展十分缓慢。

在有限元计算方面,早在1971年,Gould和Mikic[26]就建立了螺栓连接件的有限元模型,得到的结论是两板总厚度一样时,厚度相等的两块板接触半径比其他厚度不等的接触半径大。之后,大量学者基于ANSYS有限元软件,开展了螺栓连接件结合面压力分布数值分析工作。Fukuoka等[27]通过在结合面间加入间隙单元分析了结合面中存在垫片时对应的压力分布规律;Kim[28]通过在结合面间建立间隙单元,分析了被连接板的厚度、材料及网格划分质量等因素对接触半径的影响。Oskouei[29]建立了螺栓连接件的三维有限元模型,得到不同预紧力条件下螺栓连接件结合面的压力分布范围,并根据压力分布范围进一步计算了螺栓连接件的刚度。以上有限元模型结合面均为理想光滑形貌,并未考虑粗糙表面形貌对螺栓连接件结合面压力分布的影响。由于微观形貌与宏观几何尺寸之间存在复杂耦合关系,目前在螺栓连接件粗糙表面接触性能分析方面主要集中于单一尺度,缺乏跨尺度耦合分析。Komvopoulos[30]使用数值分析的方法分析了具有分型特征的粗糙表面与弹性半空间接触过程中接触面积和接触压力分布与弹性体材料、厚度、表面形貌之间的联系。张之敬[31]通过自相关函数等数学描述方法模拟包含波纹度与粗糙度尺度形貌特征的连接表面,采用有限元子结构的仿真方法预测结合面位置的等效应力分布。Sahoo等[32]建立了具有分型特征表面的三维有限元模型,使粗糙表面与刚性平面接触,研究粗糙表面与刚性平面的接触特性。Kumar等[33]将连接表面的形状误差等效为楔形区域,并结合微观形貌统计高度参数获得了结合面间的压力分布表达式。上述考虑表面形貌的研究中，其外力均为平面均载，且建立模型的宏观几何尺寸均较小，主要考虑法向均布力对结合面接触力的影响，对类似螺栓连接件既有宏观变形又有微观变形的特性尚未考虑。杨国庆[34]对综合考虑螺栓连接件宏微观多尺度形貌特征的两粗糙表面接触问题进行了探索，得到螺栓连接件结合面压力分布受到螺栓连接件宏观几何尺寸及微观形貌的共同影响。

1.2.3 螺栓连接松动机理

螺纹连接结构的自松动是结构中的预紧力在外部周期载荷作用下逐渐降低乃至完全消失的过程。螺纹连接中螺栓接触面的摩擦角一般都大于螺纹的升角，从而具有自锁性[35-36]，因此，预紧后的螺纹连接在静止状态下是不会发生松动的，但是在振动、冲击、交变载荷等动态载荷作用下，螺纹接触面间的摩擦力会减少，从而引起螺纹连接的松动[37-38]，严重影响结构安全。

1. 螺纹松动的试验研究

早期人们认为螺纹连接自松动现象产生的原因都是因为受到了轴向动态载荷，Goodier 和 Sweeney[39] 以及 Sauer[40] 等学者进行了一系列螺纹连接在轴向载荷作用下的松动试验研究。试验结果表明，螺纹连接在轴向载荷作用下，螺栓螺纹将会收缩而螺母螺纹将会扩张，从而引起螺纹接触面间的径向滑移，进一步引起螺纹松动。但他们通过 25000 次循环试验得到的最大松动量只有 6°，在实际情况下这个松动量很小。Hess 等[41]和 Basava 等[42]学者初期也是在承受轴向载荷作用下对螺纹连接结构的松动问题进行研究，其通过简化的理论模型分析得到，在高预紧力或低振动水平条件下，模型中的预紧力在多次循环载荷作用下仍会保持一定的稳定。

Junker[43]发现剪切载荷更容易引起螺纹连接的松动，即垂直于螺栓轴线方向的载荷引起的松动更加严重，并发明了被广泛应用的 Junker 松动试验机。目前人们对 Junker 试验机进行改进而发明了多种进行螺纹连接松动试验的装置，在我国，螺纹紧固件的防松性能试验[44]也采用了该方法。此后，人们研究的焦点主要集中在剪切载荷引起的松动。Junker 通过图 1-4 所示的简化模型解释剪切载荷更能引起螺纹连接的松动这一规律。

在Ⅰ部分中，固体 A 放置于具有一定倾角的斜面 B 上，斜面表示螺纹面，其倾角表示螺旋升角。如果斜面倾角小于摩擦角，则由于自锁，固体 A 在斜面 B 上不会下滑。Ⅱ部分中的平面则表示螺母或螺栓头部支承面。固体 A 承

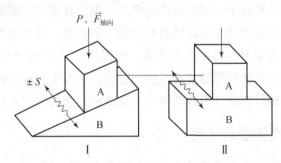

图 1-4 Junker 简化松动模型

受垂直载荷表示螺纹连接结构承受轴向载荷，斜面的振动 $\pm S$ 表示结构承受剪切载荷。当固体 A 承受周期的轴向载荷时，A 并不会脱离斜面 B，即只要摩擦角大于倾斜角，则 A、B 不会产生相对滑动。而当斜面 B 产生横向的周期振动 $\pm S$ 时，外力作用的合力大于最大静摩擦力，固体 A 将会沿着斜面向下滑动，也就意味着螺纹连接将会产生相对滑动。

基于 Junker 的基本理论，日本丰田公司 Sakai[45]进行了一系列的理论分析和松动试验研究，发现螺纹连接结构松动的必要条件是接触面间摩擦系数小于 0.03。Zadoks 和 Yu[46-47]通过研究发现，只要两块连接板承受的剪切位移达到一定量值，螺纹连接的松动将不可避免。Zadoks 在文献 [47] 中通过用 Hertz 接触理论来描述螺纹以及连接板接触面间的接触关系，进一步指出螺纹之间的滑移与螺栓头部的滑移是自松动的必要条件，而冲击载荷是唯一能够同时引起螺纹和螺栓头部接触面同时滑动的载荷。对于冲击载荷对螺纹连接松动的影响，Daadbin 和 Chow[48]利用质量—弹簧模型作了进一步的研究，研究指出，由于共振的存在，螺母螺纹将会与螺栓螺纹分开，经历一定的滑移直到其再次与螺纹面触碰。

2. 螺纹松动的理论和数值分析

早期人们对螺纹连接松动机理的研究大多是利用试验的方法进行的，然而由于螺纹连接结构中的复杂几何模型，通过试验很难直接测量螺纹结构中产生的局部变形以及可能存在的微小滑移，因此通过试验方法不能对螺纹松动进行全面地研究，所以研究螺纹连接的松动需要依靠数值模拟的方法来进行。随着有限元技术的发展，有限元数值方法逐渐成为研究螺纹连接结构松动机理的重要方法。

大多数学者采用有限元法对螺纹连接结构进行研究时，采用的模型多为简化的轴对称[49-50]螺纹模型，这可以在螺纹连接中得到有效的应力分布结果，却由于没有考虑螺纹升角的影响,并不能模拟由于螺母旋转而造成的松动。于是越来越多的学者通过建立考虑螺纹升角的有限元模型来对螺纹连接的松动这一问题进行研究。Pai 和 Hess[51]研究了横向剪切载荷作用下螺纹连接的自松动,认为螺纹连接的松动过程可以分为四个阶段:①螺纹接触面及承压面部分滑移阶段;②螺纹接触面完全滑移及承压面部分滑移阶段;③螺纹接触面部分滑移及承压面完全滑移阶段;④螺纹接触面及承压面完全滑移阶段。局部滑移概念的建立将有助于理解螺纹连接的松动过程。他们还发现施加在螺栓和螺母上的弯矩会导致螺纹连接件的滑移和松动。Izumi 等[52-53]指出,接触状态可以分为三种:完全滑移、局部滑移以及微小滑移,于是螺栓头部以及螺纹接触面可以组合出九种不同的接触状态。研究的结果还表明,只要任意接触面存在稳定的黏着区域,就会限制螺栓的松动。

Izumi 等[54]建立了螺纹连接结构的三维有限元模型,研究了螺纹连接的拧紧和松动过程,并将结果同螺纹松动理论结果和试验结果对比,得出的结论是螺纹连接的松动并不是从头部松动开始,整个螺纹接触面滑移实际是发生在头部滑移之前的。在福特汽车公司资助下,Jiang Y[55-56]采用试验和有限元结合的方法,研究了螺纹连接结构在横向剪切循环载荷下的自松动问题,结果表明螺纹自松动可以分为两个不同的阶段:第一阶段的特征是预紧力下降缓慢,并且螺栓和螺母之间没有相对滑移。这一阶段主要是螺栓循环塑性变形引起的应力重分布,以及棘轮变形;第二阶段是循环横向载荷引起螺纹面间的相对滑移、螺母逐渐的回旋、预紧力下降明显,从而造成松动。空军工程大学的王崴、徐浩[57]等人用有限元方法建立精确的三维模型对受横向振动的螺纹连接自松动情况进行仿真,重点研究横向振幅、初始预紧力、螺纹接触面摩擦因数、螺栓头与螺母承压面摩擦因数及连接物结合面摩擦等因素对螺纹连接自松动的影响。西北工业大学谢子文[58]采用三维非线性有限元模型分析了交变载荷下螺纹接触面受力特点和应力应变演化过程。

可以看出,对于螺栓连接结构的准确分析,需要建立精确的有限元模型,而目前对于如何建模,如何考虑粗糙接触仍然考虑不足。

1.3　螺栓连接结合面接触特性检测

螺栓连接结合面接触特性对于螺栓连接整体特性具有重要影响,对其进行无损准确测量对于分析和理解螺栓连接的力学特性具有重要意义。然而由于结合面的封闭性，结合面接触性能的准确测量存在很大困难。在螺栓连接件结合面接触面积、压力分布等接触特性测量方面，目前主要有压力薄膜法及超声波法。大型 CT 也可以对接触特性进行检测[59]，但是 X 射线在金属材料中穿透能力有限，应用较少。光弹法也可用于接触特性检测，但是需要其中一个试件透明，这在实际的工程应用中受到了限制。

1.3.1 螺栓结合面接触特性的薄膜检测

薄膜法是在结合面之间置入具有一定厚度的薄膜传感器，利用该薄膜传感器实现对于接触面积的检测。Nitta[60]于 1995 年提出利用 0.9μm 的 PET 薄膜（Polyethylene Terephthalate Film）对接触面积进行检测，其试验结果表明该薄膜的检测结果与光学方法的检测结果较为吻合，但是该方法的检测精度取决于被检测试件的表面粗糙度，若其粗糙度小于薄膜厚度，则其不能给出准确的检测结果。薄膜传感器也能用于接触压强的检测。在能够测量接触压力的薄膜传感器方面，目前主要有富士胶片公司的 Prescale 感压纸（Prescale Film）和 Tekscan 公司的薄膜传感器（Pressure Mapping Sensor）。富士胶片公司的感压纸根据压强测量范围分为八种，其测试压力范围为 0.05~300MPa，该感压纸是在聚酯片基板（PET）上涂有显色物质，上面又有微囊生色物质，在受到压力时，发色剂微囊破裂并与显色剂发生反应，此时感压纸上出现红色区，其色彩的浓度随着压强的改变而改变。根据感压纸的种类不同，其厚度分别为 0.1mm 和 0.2mm，其横向分辨率为 0.1mm[61]。为实现感压纸的准确检测，学者针对使用感压纸时的加载幅值、加载时间、加载速度、温度、湿度等对感压纸检测结果的影响开展了研究[62]，目前已形成了较为完善的操作规范。在摩擦学领域，为验证铆钉结合面的有限元模型，Brown 和 Straznicky[63]在结合面中间插入了感压纸以检测接触压强，然而其发现感压纸的测量范围太小，导致未能检测到结合面上的全部压强。为了评估感压纸用于轮轨结合面时的检测偏差，Dörner 等[64]同样构建了包含感压纸的轮轨接触有限元模型，并将感压纸的检测结果与无感压纸的理论计算结果进行对比，结果表明感压纸会对轮轨接触产生较大影响，感压纸对接触面积的检测结果偏大 50.5%~69.2%。针对螺栓结合面接触特性检测，Mittelbach 等[65]采用富士感压纸对结合面压力分布进行测量，并与理论分析结果及有限元分析结果进行了比较。Mantelli 等[66]通过富士感压纸测量螺栓连接在不同预紧力、不同材料下的结合面的接触压强分布，并将测量的接触压强求和后与力传感器测量的预紧力进行对比，结果表明富士感压纸的接触压强总体偏高70%。

感压纸不能进行实时检测,每个感压纸只能使用一次,为将感压纸显示的颜色转化为精确的压强数值,需要对感压纸进行扫描并利用专用软件根据色彩浓度—压强曲线将其转化为压强。针对上述问题,成立于1987年的美国Tekscan公司利用压敏电阻(Piezoresistive Strips)等开发了一系列的薄膜传感器,如图1-5所示。该传感器可分为三层,中间为一层矩阵分布的压敏电阻传感器,上下为塑料保护膜。该传感器可以实现接触面积、压强的实时检测,可以重复应用,然而其在检测压强等负载时,同样需要进行校准[67]。该薄膜传感器也在科研领域有较为广泛的应用,学者也对其产品的检测精度等方面开展了研究。Fregly和Sawyer[68]利用该公司的K-Scan传感器检测膝盖关节的接触压强、接触面积时的误差,结果表明检测结果与仿真结果的偏差为3%~9%。该薄膜传感器在检测机械产品的接触压强或面积时,检测精度同样不够理想。Drewniak等[69]通过测量四种不同直径的平底压头与平面接触时的名义接触面积,确定了Tekscan 5076、Tekscan 4000薄膜传感器在检测名义接触面积的偏差,结果表明其偏差分别为5%~27%和11.7%~20.0%。该传感器的横向分辨率最小为0.2mm(Tekscan 5026),最大检测压强为206MPa(Tekscan 6220)[70]。薄膜法需要在结合面处增加一个薄膜传感器,且插入的薄膜会改变工件原有的接触状况,限制了对结合面接触力学特性的进一步研究。

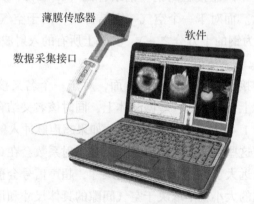

图1-5 Tekscan公司的薄膜传感器

1.3.2 螺栓结合面接触特性的超声检测

利用超声脉冲可以实现对结合面接触面积、接触刚度、接触压强的检测。

当一束超声信号入射到一个结合面时,该信号会在结合面处部分反射,该反射信号可以反映结合面的接触状况,以此可以实现对接触特性的检测。超声方法是一种无损检测方法,即该方法可以在不拆卸工件的情况下直接测量,而且不改变工件的接触状态,因而受到广泛关注。

当一束超声脉冲垂直入射到一个结合面时,反射波幅值与入射波幅值之比,称之为超声波反射率,如下式所示:

$$R = \frac{A_f}{A_i} \tag{1-2}$$

式中 R——超声波反射率;

A_f——超声波在结合面的反射波幅值;

A_i——超声波在结合面的入射波幅值。

当该结合面为理想接触时,结合面上的位移与应力连续,即结合面处不存在破裂、剥离、滑动等现象,根据弹性动力学理论[71],此时的超声波反射率可用下式计算:

$$R_{12} = \frac{z_2 - z_1}{z_2 + z_1} \tag{1-3}$$

式中 z——界面两侧材料的声阻抗,其下标指的是两侧材料编号。

因此,对于一个理想接触的钢—钢结合面($z_1 = z_2$),其反射率为0,如图1-6(a)所示。而对于一个空气—钢结合面,由于空气的声阻抗远远小于钢($z_1 \ll z_2$,约为钢的十万分之一),实际上所有的入射波都会被反射回去,此时其反射率为1。

工程实际中的接触表面均为粗糙表面,对于一个名义接触的钢—钢结合面,真实接触实际上仅发生在一些微凸体上,同时该名义结合面上会分布着很多空气间隙,如图1-6(b)所示。此时,如果超声脉冲入射到该钢—钢结合面,会有一部分被这些空气间隙反射,因此其反射系数会在0和1之间。如果该超声信号的波长远大于这些空气间隙的尺寸,超声信号会覆盖在很多空气间隙上,此时反射波的大小就不取决于空气间隙的具体尺寸和形状了,而主要取决于结合面的刚度[72]。另外,由于结合面的接触刚度一般随着接触压强的增加而增加,因此超声波反射率可以用于接触刚度、接触压强等接触特性的检测。

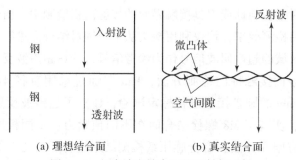

(a) 理想结合面　　　　　　(b) 真实结合面

图1-6　超声波在结合面的反射与透射

国内外学者对超声检测方法开展了广泛研究，并已应用于火车轮—轨接触[73]、螺栓结合面[74-75]、圆柱配合面[76]、滚动轴承[77]等工程对象中。Pau等[78]分别利用10MHz水浸超声探头扫描及富士胶片公司的感压纸，对一个直径44mm的球与平板接触时的接触面积进行了检测，结果表明在超声探头焦点约为1mm的情况下，超声检测结果略大于感压纸的检测结果。名义接触面积的检测可以用来判断机械零件的磨损状况，因此Pau等[73]随后分别利用聚焦探头扫描了有无磨损情况下的火车轮—轨接触、轮胎—地面接触、齿轮—齿条接触，结果表明超声方法可以很容易地观测到磨损带来的接触区域大小、形状的变化。该研究中搭建的轮胎—地面接触检测试验装置及超声检测结果如图1-7所示。根据相似的方法，Yao等[79-80]利用水浸超声探头扫描了不同压力下立铣刀、燕尾槽铣刀与平板接触的情况，实现了接触面积检测。值得注意

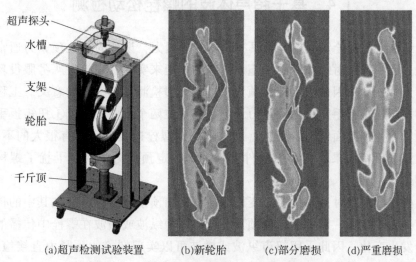

(a)超声检测试验装置　(b)新轮胎　(c)部分磨损　(d)严重磨损

图1-7　轮胎—地面接触面积的超声检测[73]

的是，在上述对平板与球或刀具接触界面的接触面积检测中，由于平板厚度不变，因此为提高检测效率，均仅利用探头从平板侧对结合面进行一次扫描，然后利用未接触区域的超声回波信号作为参考信号，计算超声波反射率。

在螺栓结合面接触特性检测方面，Pau[75]通过采用直径4mm的平冲头与一个直径10mm的圆盘接触进行标定试验，建立了超声波反射率与接触压强之间的关系，实现了M8螺栓结合面在不同预紧力、不同板厚下接触压强的检测，并与有限元方法、富士感压纸检测结果进行了对比。结果表明超声测量结果与有限元法最大相差25%，而富士感压纸测量的接触半径长度比超声方法长10%~20%。与上述方法稍有不同，根据在接触压强较小时接触压强与接触刚度的关系为线性的特点，Lewis等[76]提出在标定试验中，将超声反射率通过弹簧模型转化为接触刚度，然后构建接触压强—接触刚度的关系曲线，在构建曲线时其采用直线进行拟合，利用该直线实现了圆柱过盈配合结合面的压强检测。随后，Marshall等[74]采用该标定方法，实现了螺栓结合面的接触压强检测，测量了不同预紧力、结合面表面形貌等条件下螺栓结合面压力分布。

从上述结合面超声检测方法的分析可知，该方法可以实现结合面接触特性的直接、无损检测。目前对于超声波在结合面的传播模型、接触刚度超声检测、连接结构接触特性检测方面还有待进一步深入研究。

1.4 基于超声体波的螺栓松动检测

结构中的螺栓紧固件必须具有足够的预紧力，设计的螺栓预紧力通常在装配过程中通过对螺纹紧固件施加指定的扭矩来实现。螺栓在恶劣服役环境下易发生松动，因此对于螺栓预紧力进行无损检测具有重要的意义。工程中通常采用扭矩扳手来评估预紧力，但是其存在两个主要缺点：①扭矩扳手施加预紧力受到界面摩擦的影响，因此不同的螺栓连接件间会有很大的不同；②在装配后，如果不扭转紧固件，就无法确定预紧力，从而干扰了螺栓连接部。

当螺栓预紧时，其长度会变长，同时施加预紧力后超声波在其中的传播速度会发生变化，因而在螺栓预紧前后，超声纵波或横波在螺栓中传播的声时会发生变化，因此采用超声纵波或横波可以实现螺栓的预紧力直接检测。超声波是一种弹性波，是扰动或外力引起的应力和应变在弹性介质中传递的形式。超声波可以分为体波和导波两大类。在无限大的介质中传播的弹性波称为体波。体波又可分为两种：纵波和横波。体波在传播过程中，横波与纵波相互解耦。超声体波是测量螺栓预紧力的有效方法，测量方便，且可以实现无损检测，应用日益广泛。本节着重说明采用超声体波的金属螺栓预紧力检测技术进展。

1953 年，Hughes 和 Kelly[81]利用有限变形理论推导了固体中弹性波在应力作用下的速度表达式，即声弹效应。螺栓预紧力的测量是声弹理论在工程中的应用，特别是近年来，超声波试验测量技术的提高，极大地促进了上述应用[82]。螺栓预紧力可以采用超声纵波测量，该方法被称为单波法。Jhang 等[83]根据声弹效应提出通过测量声速变化以测量螺栓预紧力的方法，并进行了试验验证。单波法需要在无预紧力时提前测量螺栓长度或声时。螺栓预紧力还可以同时采用纵波和横波进行测量，该方法也称为双波法，可以避免对无应力状态下的超声测量。在此方面，Johnson 等[84]提出采用横波和纵波的声时测量螺栓轴向应力，该方法不需要独立测量螺栓的原始长度或变形后的长度。类似的，Chaki 等[85]提出了一种螺栓预紧力测量的双波法，该方法可以确定螺栓夹持的有效长度，同时避免无应力状态下的超声测量。

短螺栓受到较大预紧力时，螺栓非均匀分布的应力场为螺栓预紧力检测带来困难，为此日本丰田公司 Yasui 等[86]采用数值仿真和试验相结合的方法，提出采用校正曲线降低由于非均匀应力分布导致的螺栓非线性变形对于螺栓轴向应力超声的影响，提高了检测精度。Pan 等[87]针对非均匀应力场的影响，提出了形状因子的概念和确定方法，在此基础上建立了基于双波法的螺栓预紧力检测方法，实现了误差 5% 以内的预紧力检测。接触式超声探头需要耦合剂才能测量，然而耦合剂厚度的变化会导致超声回波信号相位的变化，进而直接影响螺栓预紧力的测量精度。为此，Liu 等[88]提出了一种耦合剂厚度变化的声时补偿方法，减小了基于超声纵波的螺栓预紧力检测误差。

Nassar 和 Veeram[89]提出了螺栓预紧过程中伸长量的超声纵波测量方法，该方法在伸长量变化时采用不同的声速以实现伸长量的准确测量，在此基础上开发了螺栓伸长量的实时拧紧控制装置，如图 1-8 所示。传统的超声探头需要通过耦合剂与螺栓接触，在实际使用中并不方便，Ding 等[90]提出了一种模态转换纵波的电磁超声螺栓预紧力检测方法，消除了耦合剂的影响。

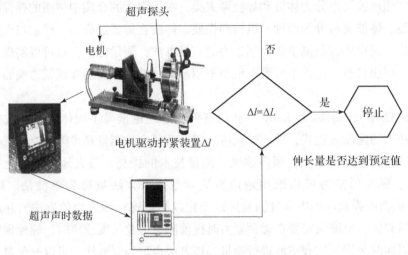

图1-8 超声控制螺栓拧紧装置[89]

可以看出，超声体波可以实现对螺栓预紧力的有效测量，测量误差可达5%以内。将该方法与拧紧装置结合是提高螺栓拧紧质量的有效方法。

1.5 基于超声导波的螺栓松动监测

超声体波在介质内传播时远离边界。在薄壁结构中传播时，超声波的传播常常以反射与折射的形式与边界发生相互作用，此时弹性波的纵波与横波不再独立解耦，这类弹性波称为导波，在平板中传播的导波为兰姆波。在数学上，超声体波与导波受同一组偏微分波动方程的控制，两者的主要区别是：对于体波，其解无需满足边界条件，而导波在满足控制方程的同时，必须满足边界条件[91]。体波只有有限个模态（纵波、横波），而导波存在无数个波的模态，且存在频散。频散是指弹性波在介质中传播时，不同频率组分存在波速差，而引起整体波包形状变化的现象。

航空航天飞行器多为薄壁结构，由于超声导波能在薄壁结构中远距离传播，且频率高于振动频率，适用于飞行器结构中的损伤监测领域。当导波在结构中传播时，遇到损伤时会发生散射、透射、折射现象，使信号发生变化，通过对接收信号进行分析就有可能检测到结构的损伤状况。由于基于导波的损伤识别方法仅靠少量的传感器即可实现对大面积结构的监测，因此受到普遍关注。由于螺栓连接界面的不连续性和连接处复杂的几何边界条件，导波信号经过连接部位时会发生复杂的模态转换、边界反射，这导致波响应信号成分复杂。为此，学者采用有限元方法等针对导波传播开展了理论分析。在螺栓松动监测方法方面，根据构造损伤指标选用的特征量的不同，可将螺栓连接松动的导波监测方法分为线性方法和非线性方法两类。

1.5.1 螺栓连接中导波传播理论分析

建立导波在螺栓传播中的理论模型，模拟螺栓连接界面中导波的反射、透射和折射，对于优化监测参数和提高监测精度至关重要。有限元法（FEM）可应用于各种复杂的几何形状，已成为应用最广泛的波传播分析方法，也被用来分析导波在螺栓结构的传播。分析导波在螺栓结构中的传播，关键是如何模拟接触界面，忽略接触界面则不能反映不同螺栓预紧力下导波信号的变化[92-93]。为了考虑界面接触，Bao 等[94]使用接触单元来模拟螺栓结合面，并建立了简化的二维有限元模型来模拟螺栓重叠结构中导波的传播，改进后的模型能够反映不同预紧力下导波信号的变化，但该模型中没有考虑螺栓，信号变化幅度和测量结果有较大差异。

在微观尺度上，螺栓连接界面是粗糙不平的，由许多表面微凸体构成。表面微凸体的接触面积之和即为界面的真实接触面积。当螺栓发生松动时，螺栓预紧载荷降低，导致连接界面的接触压力降低，继而导致界面真实接触面积减小。因此 Parvasi 等[95]建立了考虑压电传感器的三维有限元模型（如图 1-9 所示），该模型中通过随机调整表面节点来模拟螺栓结合面的粗糙接触界面，接触面上的网格尺寸（1.8mm）比粗糙表面上的微粗糙体的尺寸大得多。最近，Li 等[96]提出使用分形方法构建粗糙接触面，然后建立了螺栓接头中导波传播的三维有限元模型。同样，Zhu 等[97]通过考虑粗糙接触面的三维有限元模型，研究了传递的导波能量与法兰螺栓预紧力之间的关系。上述数值模拟研究集中在传递的导波总能量与螺栓预紧力之间的关系上。实际上，螺栓预载荷通过改变接头界面的接触面积影响导波传播[98]。然而，螺栓中接触面积如何影响超声导波变化的理论研究仍然缺乏。

有限元方法的计算成本高。解析方法提供了较低的计算成本，并且能更好地洞察波动传播的力学原理，但解析方法只适用于简单几何形状[99-100]。半解析有限元（SAFE）方法已经在许多波动传播问题的研究中得到应用[101-104]，但其不能考虑波导边界对导波反射的影响。与 SAFE 技术不同，Sanderson 等[105]提出了一种半解析建模方法，以解释管道弯曲中导波的传播行为。该方

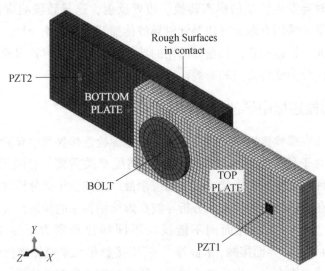

图1-9 考虑压电传感器的三维有限元模型[95]

法将从管道弯曲的有限元模型获得的基本信息与直管的分析模型相结合。这种分析方法提供了快速的计算解决方案。类似地，Quaegebeur 等[106]提出了一种解析法和有限元法结合的导波生成模拟方法，其中由传感器产生的复杂应力使用有限元方法获得。同样的，Shen[99]和 Giurgiutiu[107]提出了解析法和有限元结合的方法来模拟兰姆波的传播及其与平板中损伤的相互作用。上述半解析方法有效地降低了计算耗费。

可以看出，针对线性特征，采用解析法与有限元方法进行结合是分析简单结构导波传播的高效方法。另外，若对螺栓连接结构整体进行有限元分析，采用显式动力学方法，并简化结合面的建模是提高计算效率的有效方式。

1.5.2 螺栓松动监测的线性方法

当螺栓发生松动时，螺栓预紧载荷降低，导致连接界面的接触压力降低，继而导致界面真实接触面积减小，此时透射穿过接触界面的波能量和真实接触面积的大小正相关。因此，透射穿过接触界面的波信号能量可以作为估算螺栓预紧载荷大小的损伤指标。由于采集到的信号复杂，简单基于信号波形的方法很难有效地进行螺栓预紧力监测，Yang 等[14]针对航天飞机热防护板结构螺栓松动识别，首次提出利用超声导波监测螺栓预紧力，将超声导波应用于航天器热防护板的预紧力监测，用透射导波信号能量作为损伤指标，成功识别了螺栓的松动。基于信号能量的方法后来被称为波能耗散法（Wave Energy Dissipation，WED）[108]。由于波能耗散法将接触面积和螺栓预紧载荷的关系假设为线性正相关，因此该方法被认为是一种线性方法。

波能耗散法被广泛用作螺栓预紧力大小的判定指标。Kędra 等[109]研究了激励频率、接收导波信号时间窗口、传感器位置等对 WED 方法监测精度的影响，其结果表明必须慎重选择这些参数才能获得较好的测量精度。为了识别立方星测试结构中的螺栓松动，Mascarenas 等[24]使用试验信号和基线信号之间的导波能量的差异来监测螺栓松动，识别了一个螺栓发生完全松动的情况。同样，Montoya 等[25]使用导波监测了复杂卫星面板之间的螺栓松动，参考最初建立的基线导波信号，使用透射波能量进行监测，可以从 18 个螺栓中监测出存在一个螺栓松动的情况。Jiang 等[26]开发了一种基于小波包能量分析的导波监测方法来识别一个复杂钢桁架拱结构中的螺栓松动，该桁架结构中包含大量螺栓连接，考虑螺栓全紧、其中 6 个螺栓全部松动以及其中 12 个螺栓全部松动三种情况，结果表明，小波包能量随着螺栓松动程度的增加而逐渐降低。

当螺栓预紧力增加到一定程度后，接触面积基本不发生变化，此时导波透射的能量也基本不发生变化，导致螺栓预紧力监测灵敏度降低，这就是所谓的饱和现象。Wang 等[15]针对单个螺栓使用了类似的方法进行螺栓预紧力监测，得到的导波透射能量与扭矩水平基本成正比，但是当施加的转矩达到一定值时，会出现饱和现象。同样，Amerini 等[16]计算了透射导波的频域能量，以此来评估螺栓的松动水平，也发现了较为明显的饱和现象。Haynes 等[17]使用激光测振仪全场测量了螺栓结构中的导波传播，依旧观察到饱和现象。最近，Zhu 等[13]提出了一种基于导波能量的方法来监测转子轮盘间的预紧力，他们分别对双盘转子和三盘转子展开加载和卸载试验，探究了导波能量随轮盘预紧力的变化规律，结果表明，随着螺栓预紧力的增大，导波能量也随之增大，但导波能量与预紧力曲线存在饱和现象，且并未考虑螺栓松动定位，主要聚焦于螺栓预紧力与导波能量的关系。

可见，基于导波信号能量的超声导波监测方法很难对螺栓预紧力的早期衰退进行监测[18-19]。

1.5.3 导波时间反转方法

时间反转方法可以实现激励信号的重聚焦，解决超声导波的频散等问题。时间反转法在超声导波中的应用最早由 Fink[110]提出。基于时间反转的损伤监测方法认为，假设结构是线性的，若对响应信号在时域进行反转，并重新输入到结构中，初始的激励信号就可以被重构出来。损伤的出现将破坏结构的线性特征，通过时间反转法重构出的激励信号和初始激励信号就会出现差异。通过比较重构激励信号和初始激励信号的差异，即可对损伤进行监测。和传统的导波方法相比，时间反转法能够有效补偿信号的频散、多模态和边界反射问题。目前，时间反转导波方法已被应用于金属板[111]、复合材料层合板[112]和钢筋混凝土梁[113]等工程结构的损伤监测中。

导波时间反转法也在螺栓松动监测中得到应用。Wang 等[114]的实验研究了导波时间反转法得到的聚焦峰值与螺栓预紧力的关系，并指出重聚焦峰值可用于预紧力监测，实验结果同时表明随着螺栓连接界面表面粗糙度的增加，饱和现象变得不明显。Parvasi 等[95]采用重聚焦信号建立了螺栓松动指标，并通过三维有限元模型和试验对提出的松动指标进行了验证。有限元结果表面松动指标与预紧力成正比，而试验结果表明，在螺栓松动早期，其仍不够灵敏，失去对螺栓载荷的表征能力。针对上述问题，西北工业大学杜飞等[115-116]提出了一种改进的时间反转方法，该方法对螺栓松动更加敏感，尤其是早期松动。

1.5.4 螺栓松动监测的非线性方法

螺栓松动后在受到一定幅度的声波或振动的激励时，连接界面会承受一定的拉压力，导致界面周期性的开合，进而导致界面刚度的周期性变化，因此结构响应呈现非线性，称为接触声学非线性（Contact Acoustic Nonlinearity，CAN）。为此目前学者常用二次谐波、次谐波、调制边频，通常二次谐波和次谐波由单个频率产生激励，此时可以利用二次谐波或次谐波的幅值与激励频率的幅值之间的比值，作为评估螺栓预紧力拧紧指标。Zhang 等[117]提出了螺栓连接结构次谐波的激励方法，并在此基础上提出了螺栓松动监测方法。Shen 等[118]建立了考虑接触的三维有限元模型来分析由接触非线性导致的二次谐波与螺栓预紧力之间的关系。利用上述模型可以在透射导波信号的频谱中清晰地观察到非线性高次谐波（二阶谐波和三阶谐波）。仿真结果同时表明，随着螺栓预紧力的增加，二次谐波的幅值与激励频率幅值的比值随之减小。

边频则同时需要低频和高频信号激励产生，其拧紧指标一般是利用两个边频带幅值的平均值与高频激励频率的幅值之间的差值作为拧紧指标[119]。此时通常采用振动声调制（Vibro-Acoustic Modulation，VAM）激励调制边频[120]。当螺栓连接结构中的所有螺栓完全拧紧而非线性不明显时，获得的信号谱分别在振动和波频率处显示两个峰值。当螺栓松动时，频谱中的波频率附近会出现额外的调制频率分量，边频的幅值由 CAN 的强度决定，因此也可以与螺栓预紧力建立关联关系[108]。Amerini 和 Meo[119]分别建立了二阶谐波指数和边频带指数来评估螺栓结构的拧紧状态。Zhang 等[108-120]采用振动声调制方法，利用基于边频带的拧紧指数对金属和复合材料螺栓连接结构进行了预紧力监测，将其监测结果与 WED 方法进行对比，结果表明其所采用的非线性方法的测量灵敏度高于 WED 方法，特别是在松动初期。随后，Zhang 等[121]将基于高次谐波和边频带的螺栓预紧力监测方法进行了对比，证明基于边频带的监测方法稳定性较好。在此基础上，Gong 等[122]提出了一个高阶边带松动指数（HSLI），它整合了前四个高阶边带，以提高螺栓预紧力的监测灵敏度。非线性方法易受噪声影响，为此 Wang 和 Song[123]为 VAM 方法提出了名为 Gnome 熵的松动指标指数，用于监测多螺栓连接的松动。另外，边频带也可以通过冲击调制（Impact Modulation，IM）产生，Meyer 和 Adams[124]提出了一种基于冲击调制的方法来监测铝螺栓连接部中的螺栓松动，然而利用该方法时，边频带幅值对于测试参数，包括冲击激励的振幅和位置，监测传感器的位置等都较为敏感。

综上所述，非线性方法有望提高螺栓松动监测灵敏度，但是其易受噪声影响，现有研究主要集中在如何使用非线性导波构建高灵敏度监测的螺栓松动指标这一领域。

1.6 机器学习在螺栓松动监测中的应用

随着近年来人工智能和计算机技术的快速发展，机器学习、深度学习等方法在结构健康监测领域受到广泛关注。由于螺栓连接中导波信号的复杂性，机器学习方法越来越多地应用于螺栓连接结构的松动监测，提高损伤监测的精度、准确率以及环境适应性。

1.6.1 基于机器学习的螺栓松动识别

结构健康监测中常用的传统机器学习方法包括支持向量机、主成分分析、BP 神经网络（也称前馈神经网络）等方法。

前馈神经具备较强的非线性拟合能力，但是需要建立损伤指标作为输入。Nazarko 和 Ziemianski[125]提出采用主成分分析对超声波数据进行降维，并采用前馈神经网络进行螺栓预紧力识别，分别对一个单螺栓法兰结构和六螺栓法兰结构展开实验，证明了该方法能够找到信号变化与力变化之间的关系。机器学习技术可用于识别具有多个螺栓的结构的螺栓预紧力。Sui 等[126]针对多螺栓松动监测，采用磁致伸缩传感器激励 SH 导波，提出采用导波的能量透射比作为松动指标，将不同传播路径中的松动指标作为前馈神经网络的输入，实现了螺栓松动位置和程度的识别。吴冠男等[127]提出采用时间反转导波的聚焦波包构建损伤指标，并提出主成分分析和 S-Kohonen 神经网络进行分类，以此实现了热防护结构多螺栓松动的识别，具体流程如图 1-10 所示。

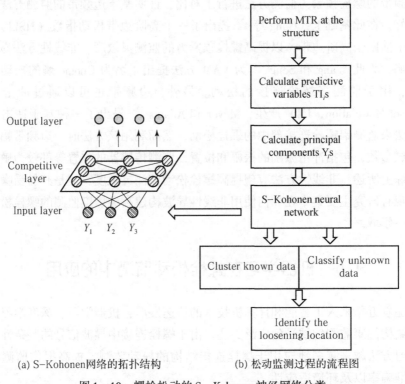

(a) S-Kohonen网络的拓扑结构　　　　(b) 松动监测过程的流程图

图 1-10　螺栓松动的 S-Kohonen 神经网络分类

支持向量机（SVM）也是常用的机器学习方法，其具备需要的训练数据少等优点。Mita 等[128]提出了一种基于 SVM 的螺栓预紧力超声导波监测方法，并采用导波信号的频域特征作为输入，以十螺栓搭接铝板为研究对象，其考虑了螺栓全松、半松、紧三种松动状态，验证了方法的有效性。在传统机器学习中，人工建立的松动指标是实现准确监测的关键。2020 年，Wang 等[129]提出了基于多元多尺度模糊熵的螺栓松动指标，并建立了基于遗传算法的最小二乘支持向量机来监测多螺栓连接的不同松动状态,将该方法分别应用于一个三螺栓连接结构和一个四螺栓结构进行了试验验证。为克服人工构建损伤指标的缺点,伍世伟和杜飞等[130]提出采用主成分分析提取损伤指标,并将损伤指标利用支持向量机进行分类,以此实现了端到端的螺栓松动识别。

Jalalpour 等[131]为了监测 L 形螺栓连接预紧力,提出了一种利用快速傅里叶变换、互相关和模糊模式识别来处理导波信号的预紧力监测方法,该方法实现了预紧扭矩的准确监测,然而其扭矩水平的模糊集合数目较少,限制了其监测分辨率。集成学习可以将不同的机器学习方法进行融合,Liang 和 Yuan[132] 提出了一种集成学习方法,将支持向量机、K 近邻等方法的结果进行融合,实现了六十四螺栓连接结构螺栓松动的识别。Wang 等[133]提出了多尺度距离熵的螺栓松动指标和基于堆叠的集成学习方法,利用导波监测水下的多螺栓松动。

可以看出,由于导波信号的复杂性,机器方法越来越多地用于多螺栓连接结构的松动监测。传统机器学习方法依赖于人工建立损伤指标,学者常将不同的机器学习方法组合使用,但是目前基于传统机器学习的螺栓松动监测的工况均较为简单,与实际工况仍有一定差别。

1.6.2 基于深度学习的螺栓松动识别

近年来,学者们陆续开展了许多基于深度学习的损伤识别研究。深度学习方法无需人工提取损伤特征,可以实现端到端的监测,克服了传统机器学习方法的弊端,但是深度学习方法通常需要大量的训练数据,在此方面学者分别采用解析方法、数值模拟、实验等手段获取训练数据。基于深度学习的螺栓松动监测最初在故障诊断、振动等领域开始受到关注。2019 年,伦敦国王学院 Zhang 等[134]针对钢架结构的螺栓松动振动信号进行监测,构建了一维的卷积神经网络 SHMnet,并采用加速度时域信号直接作为输入,实现了螺栓松动监测。

在基于超声导波的深度学习损伤监测方面,卷积神经网络(CNN)、长短期记忆递归神经网络(LSTM)等被广泛应用。Liu 等[135]建立了一维半解析模型,模拟导波在含裂纹铝板中的传播,计算得到了不同损伤位置的 1016 组导波响应信号,结合深度学习实现了薄板结构的裂纹损伤定位。在基于数值仿真数据的深度学习方面,Ewald 等[136]利用有限元仿真模拟超声导波在含裂纹结构中的传播,设定了不同长度的裂纹,将 8000 组仿真数据作为卷积神经网络的输入,实现了裂纹模式识别。更多的学者采用实验数据作为训练数据。Melville 等[137]进行了大量实验得到了 8 万组超声导波的全波场数据,将该数据输入到卷积神经网络结构中,并与支持向量机等传统机器学习方法进行对比,结果表明卷积神经网络精度远高于支持向量机。Su 等[138]利用质量块模拟平板损伤,采用超声导波的频谱作为输入,并构建了卷积神经网络,将实验获得的 26880 组超声导波实验数据用于训练卷积神经网络,实现了复合材料板损伤的定位和定量识别。2020 年,Zhang 等[139]建立了一种多任务学习的卷积神经网络,利用一维兰姆波直接作为输入,实现了铝板的损伤水平和位置监测。上述研究工作证明深度学习是一种有效的 SHM 方法,应用会越来越广泛。

在螺栓松动的导波监测方面,Hu 等[140]针对螺纹套筒连接松动的导波监测,建立了含有多尺寸卷积核的卷积神经网络,并以一维导波信号作为输入,实现了早期松动的 100% 监测。梁基重等[141]提出了基于卷积神经网络的盆式绝缘子法兰螺栓松动的识别方法。Li 等[142]针对多螺栓搭接板的螺栓松动监测,采用 ResNet-50 卷积神经网络,并以导波信号的小波变换得到的时频图作为输入,实现了螺栓松动识别。采用锤击或敲击的方式也可以激励出低频的超声波,实现螺栓松动的监测。Yuan 等[143]提出采用卷积神经网络对敲击产生声音的梅尔声谱图进行分类,以此实现了螺栓松动监测。Wang 和 Song[144]采用敲击声音对螺栓松动进行监测,将卷积神经网络和长短期记忆递归神经网络结合,构建了一维记忆增强卷积长短期记忆网络(1D-MACLSTM),实现了桁架螺栓松动监测。胶囊网络(CapsNet)[145]可以降低模型参数,提高效果,受此启发 Wang 和 Song[146]提出了一维训练干扰胶囊神经网络(1D-TICapsNet),用于对螺栓松动监测中撞击引起的声音信号进行分类,总共有 3000 个从实验中收集的实例用于网络训练和测试。

然而,深度学习严重依赖于训练数据集的规模,在工程实际中,受多方面因素的限制,想要获取大量高质量的有标注数据并不容易实现。迁移学习可以有效地降低训练数据量,为此,Huang 等[147]提出了一种适用于不同连接结构的跨域匹配混合迁移网络(CDMTNet),将源结构中的知识迁移到目标结构中。采用有限的标记实例的训练学习分类器识别未见类的问题被称为小样本学习(Few-Shot Learning,FSL),近年来受到了相当大的关注[148]。与迁移学习不同,FSL 方法通常采用插曲训练机制来训练网络。通过这种方式,训练好的模型可以快速适应使用有限实例的测试任务。如果支持集包含 C 个类,有 K 个标记样本,则分类任务称为 C-way K-shot 任务。Zhang 等[149]提出了一种基于注意力的可解释原型网络，用于使用超声导波进行小样本损伤识别。杜飞等[150]针对螺栓松动的超声导波监测提出了改进的原型网络，利用汉克尔矩阵将一维导波信号转换为二维图像作为输入，实现了 5 – way 5 – shot 和 5 – way 1 – shot 任务的高准确率识别。在所提出的改进的原型网络中，使用加权欧几里得距离进行损伤分类，建立了一个注意力模块来预测权重系数。在损失函数中使用 Davies – Bouldin 指数来更好地分离不同类别的嵌入向量。

可以看出，深度学习是实现螺栓松动监测的有效方法，并利用解析模型、有限元模型、实验等不同的手段获得训练数据。针对工程实际中缺少训练数据的问题，小样本学习也受到了更多关注。

1.6.3 数据驱动的超声导波温度补偿方法

环境温度会直接影响超声波的传播，进而影响超声检测或监测准确度。近年来，学者们针对超声导波的温度补偿方法提出了多种策略，主要分为数据驱动和模型驱动两大类。

在数据驱动方面，Lu 等[151]提出了一种最优基线法（Optimal Baseline Subtraction, OBS），通过在一定温度范围内收集导波时域信号构成基线数据库，然后通过计算实际测量导波信号与数据库中基线信号的均方根偏差等值判断当前检测信号与基线信号库中各信号的相似度，找到和当前信号最匹配的基线信号，以补偿温度变化所造成的影响。Yue 等[152]提出了一种数据驱动的温度基线重建方法，适用于由相同材料制成的各种结构。该方法首先将温度对采集信号幅值和相位的影响作为无量纲补偿因子进行实验量化。然后，利用导出的补偿因子来重建不同温度下的基线。OBS 方法通常需要大量的基线信号，因为只有小温度步长（通常为 0.1℃）才能确保足够高的灵敏度[153]。

在模型驱动方面，通常使用一种基线信号拉伸方法（Baseline Signal Stretch, BSS）。该方法只需要一个通用基线，将信号拉伸或压缩直到它们与这个通用基线匹配。Harley 等[154]提出了三种模型驱动的最优温度补偿方法：尺度不变相关法、迭代尺度变换法以及两者的结合，提高了 BSS 方法的计算速度。然而，信号在时间上的拉伸会导致波包和到达时间的膨胀，使得频率内容发生改变，特别是对多个不同模态导波叠加的情况。将两种方法结合起来是一种有效的策略，与单独使用 OBS 方法相比，这减少了确保良好灵敏度所需的基线数量[155]。

上述方法对于导波传播较为复杂的情况，比如透射过螺栓的导波信号等信号复杂的情况，效果仍然有限。研究人员尝试用机器学习技术来消除温度的影响。为了检测环境变化下钢管的损伤，Ying 等[156]提出了自动特征选择方法和基于支持向量机的分类器进行损伤分类。传统的机器学习方法更多的尝试是将温度影响进行分离。为了对风电机组叶片上的结冰问题进行监测，Wang 等[157]提出了一种基于主成分分析的方法来消除温度对于风电机组叶片中监测导波的影响。Liu 等[158]将奇异值分解（Singular Value Decomposition，SVD）应用于超声信号，将损伤产生的变化与温度引起的变化分离成不同的奇异向量，并利用热水管道系统中收集的大量温变数据验证了该方法的有效性和鲁棒性。对于传统机器学习方法，很难找到一种普遍良好的特征，能够对复杂的松动条件敏感，同时在温度变化条件下具有鲁棒性，因此未见有关温度补偿方法用于螺栓松动的导波监测相关研究。

深度学习技术也被用于温度补偿这一问题中。自注意机制的思想是生成一个上下文向量，为输入序列分配权重。自注意机制首先在自然语言处理中得到推广。杜飞等[159]提出了一种基于注意力的多任务网络，用于在大范围温度变化下精确监测螺栓松动。该多任务网络由改进的 U–Net 网络（用于温度补偿）和两层卷积网络（用于识别螺栓松动状态）组成，结果表明该网络的温度补偿和松动识别准确率均较好。为了进一步对网络的松动识别进行解释，采用集成梯度法和简化的螺栓搭接板结构对所建立的多任务网络进行了解释，结果表明 A0 模式对螺栓松动敏感，而 S0 模式对螺栓松动不敏感。

可以看出，温度对导波的影响必须进行补偿，机器学习技术是一种处理温度相关问题的实用方法，特别是深度学习方法可以直接对温度进行补偿，实现温度变化情况下的螺栓松动导波监测。

螺栓连接力学
特性的数值分析

第 2 章
螺栓连接力学特性的数值分析

为了深刻理解装配过程中螺栓连接性能的传递、形成与演变过程，本章建立考虑螺纹三维几何特征的螺栓连接仿真分析模型，系统分析摩擦系数对螺栓连接力学特性的影响规律；以此为基础，建立考虑宏微观几何形貌的螺栓连接结合面接触性能模型，实现了螺栓连接结合面真实接触状态的准确预测，并分析被连接件厚度、螺栓预紧力以及螺栓规格尺寸等因素对结合面接触性能的影响。本章研究工作将为螺栓结合面接触特性检测、螺栓松动监测奠定坚实的理论基础。

2.1 考虑螺纹三维几何特征的螺栓连接预紧力形成机理

螺栓连接通过螺纹副、螺栓头/螺母支承面、被连接件结合面来传递轴向载荷以实现被连接件的夹紧。螺栓连接过程，主要受到螺纹参数、摩擦状态、承载状态等因素的影响。由于螺纹副结合面的非均匀性受载[160]以及结合面的摩擦系数的变化，使得螺栓连接过程中静/动力学问题变得相当复杂。

本章将根据 ISO 螺纹标准与实际螺纹几何尺寸，构建可综合考虑螺纹几何尺寸、螺纹倒角与修尾的三维螺纹参数化几何模型，通过网格粗化技术实现包含螺纹几何结构的螺栓连接模型的六面体网格划分，从而建立螺栓连接数值分析模型；以此为基础，结合螺栓拧紧过程的动态数值模拟，研究螺栓连接过程中扭矩、角位移、预紧力之间的相互关系，揭示考虑螺纹三维几何特征的螺栓连接预紧力形成机理，进而支撑螺栓连接性能的准确检测。

2.1.1 考虑螺纹三维几何特征的螺栓连接数值模型构建

传统的解析法与数值法均基于大量假设与简化，无法准确获知螺纹的力学特性，更不能动态地模拟螺栓的拧紧过程。因此，迫切需要构建包括实际螺纹牙型的螺栓连接有限元模型，以揭示螺栓拧紧过程中预紧力的动态变化规律。

1. 螺纹横截面轮廓数学表达

普通螺纹的牙型已经标准化，现有 ISO 68、261、262 与 724 等标准，本章通过分析螺纹三维特征沿轴向投影的几何形状，构建其轮廓面的数学表达式，进而建立考虑螺纹参数化模型。图 2-1（a）为外螺纹单节距轴截面牙型，根据螺纹悬臂端的宽度尺寸 s_b，结合牙型高 H、螺纹直径 d、牙侧角 α_t、节距 p、牙根半径 ρ_b 等实际尺寸，可实现螺纹牙型的参数化建模[161-162]。依据螺纹几何特征，螺纹单节距外表面可以分为三部分：AB 牙根圆角部分、BC 牙侧部分与 CD 外径部分。图 2-1（b）为垂直轴线的螺纹横截面轮廓图，其中 CD、$C'D'$ 曲线为圆弧，曲线 AB、BC、$A'B'$、$B'C'$ 处处连续可导，且投影关于 $AD(A'D')$ 对称。

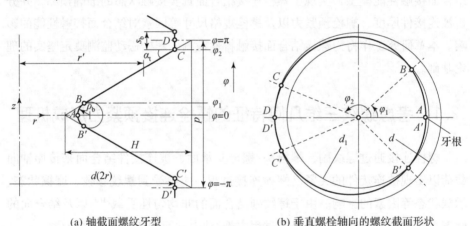

(a) 轴截面螺纹牙型 (b) 垂直螺栓轴向的螺纹截面形状

图 2-1 外螺纹的轴截面牙型与垂直螺栓轴的截面形状

因此，根据如图 2-1 所示的几何关系，外螺纹横截面轮廓几何形状表达式为

$$r' = \begin{cases} \dfrac{d}{2} + \dfrac{\rho_b}{\sin\alpha_t} - H + \dfrac{s_b H}{p} - \sqrt{\rho_b^2 - \dfrac{p^2\varphi^2}{4\pi^2}}, & 0 \leq \varphi \leq \varphi_1 = \dfrac{2\pi\rho_b\cos\alpha_t}{p} \\ \dfrac{d}{2} - \dfrac{\pi p - \pi s_b - p\varphi}{2\pi\tan\alpha_t}, & \varphi_1 < \varphi \leq \varphi_2 = \pi - \dfrac{\pi s_b}{p} \\ \dfrac{d}{2}, & \varphi_2 < \varphi \leq \pi \end{cases} \quad (2-1)$$

式中 H——螺纹牙高（mm），$H = p\cos\alpha_t$；

p——螺纹节距（mm）；

s_b——外螺纹悬臂端宽度（mm），由测量获得；

ρ_b——外螺纹牙根半径（mm），$\rho_b \geq 0.125p$。

若 $\alpha_t = 30°$、$s_b = p/8$，则式（2-1）可以简化为

$$r' = \begin{cases} \dfrac{d}{2} - \dfrac{7H}{8} + 2\rho_b - \sqrt{\rho_b^2 - \dfrac{p^2\varphi^2}{4\pi^2}}, 0 \leq \varphi \leq \varphi_1 = \dfrac{\sqrt{3}\pi\rho_b}{p} \\ \dfrac{H\varphi}{\pi} + \dfrac{d}{2} - \dfrac{7H}{8}, \varphi_1 < \varphi \leq \varphi_2 = \dfrac{7\pi}{8} \\ \dfrac{d}{2}, \varphi_2 < \varphi \leq \pi \end{cases} \qquad (2-2)$$

同理，根据图 2-2 所示的内螺纹截面轮廓，其横截面轮廓几何形状可采用式（2-3）表示。

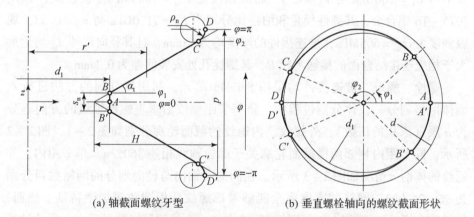

(a) 轴截面螺纹牙型　　(b) 垂直螺栓轴向的螺纹截面形状

图 2-2　内螺纹的轴截面轮廓与垂直螺栓轴的截面轮廓

$$r' = \begin{cases} \dfrac{d_1}{2}, 0 \leq \varphi \leq \varphi_1 = \dfrac{\pi s_n}{p} \\ \dfrac{d_1}{2} + \dfrac{p\varphi - \pi s_n}{2\pi\tan\alpha_t}, \varphi_1 < \varphi \leq \varphi_2 = \pi - \dfrac{2\pi\rho_n\cos\alpha_t}{p} \\ \dfrac{d_1}{2} - \dfrac{s_n H}{p} + H - \dfrac{\rho_n}{\sin\alpha_t} + \sqrt{\rho_n^2 - \dfrac{p^2(\pi - \varphi)^2}{4\pi^2}}, \varphi_2 < \varphi \leq \pi \end{cases} \qquad (2-3)$$

式中 d_1——螺纹小径（mm）；

ρ_n——内螺纹牙根半径（mm）；

s_n——内螺纹悬臂端宽度（mm）。

若 $\alpha_t = 30°$、$s_n = p/4$，则式（2-3）可以简化为

$$r' = \begin{cases} \dfrac{d_1}{2}, 0 \leqslant \varphi \leqslant \varphi_1 = \dfrac{\pi}{4} \\ \dfrac{H}{\pi}\varphi + \dfrac{d}{2} - \dfrac{7}{8}H, \varphi_1 < \varphi \leqslant \varphi_2 = \pi\left(1 - \dfrac{\sqrt{3}\rho_n}{p}\right) \\ \dfrac{d}{2} + \dfrac{H}{8} - 2\rho_n + \sqrt{\rho_n^2 - \dfrac{p^2}{4\pi^2}(\pi - \varphi)^2}, \varphi_2 < \varphi \leqslant \pi \end{cases} \quad (2-4)$$

2. 螺栓连接的有限元网格模型构建

根据外螺纹和内螺纹横截面数学表达式（2-2）和式（2-4），可构建螺栓和螺母的六面体网格模型。本章以 GB 5782-86M12 螺纹紧固件为例，介绍其建模过程。M12 螺栓的精度等级为 12.9 级，螺栓材料的弹性模量和泊松比分别为 $E_b = 200\text{GPa}$ 与 $\nu_b = 0.3$，屈服强度为 $\sigma_{bs} = 1080\text{MPa}$。被连接件选用 7075-T6 铝合金，其弹性模量和泊松比分别为 $E_m = 71.0\text{GPa}$ 与 $\nu_m = 0.33$，屈服强度为 $\sigma_{ms} = 505\text{MPa}$，被连接件的厚度均为 15mm，且其径向尺寸 d_m 均远远大于相应连接结合面的接触半径 R，其螺栓孔处安装间隙为 0.1mm。

螺栓、螺母、被连接件均采用 Solid45 单元，利用体分割的方法进行六面体网格划分。在体分割过程中，将每节距螺纹沿垂直螺栓轴线的方向等分为 n 层（取 9 的倍数），外螺纹、内螺纹的截面轮廓分别如图 2-1、图 2-2 所示，同节距内相邻两横截面轮廓关于螺栓轴线相差 $360°/n$。单节距内、外螺纹的体剖分情况如图 2-3 所示，在周向、轴向与径向划分的网格数目分别为 96、24 与 3，网格的密度完全能够考虑螺纹牙根圆角等细微特征。然而，如果整个螺栓连接结构均采用该密度的网格，会导致网格数量巨大，影响计算效率，因此需要对非螺纹结构部分的网格进行粗化处理。

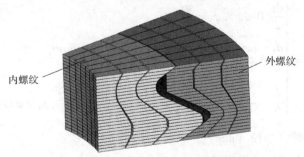

图 2-3 单节距内、外螺纹的体剖分示意图

第 2 章　螺栓连接力学特性的数值分析

在网格粗化方面，采用笛卡儿坐标系分别构建了 3 倍、9 倍网格粗化模型。如图 2-4 所示，3 倍网格粗化模型可以将 3 个较小的六面体单元粗化为 1 个较大的六面体单元（9-10-11-12-13-14-15-16）。9 倍网格粗化模型则可以通过 3 个过渡六面体网格单元（17-20-28-27-21-25-32-29、18-19-24-23-22-26-31-30、17-18-19-20-21-22-26-25）将 9 个较小的六面体单元粗化成 1 个较大的六面体单元（21-22-26-25-29-30-31-32）。两个粗化模型通过坐标转换，则可以应用于圆柱坐标系下的网格粗化。如图 2-5（a）、（b）所示为分别实现了有限元网格沿径向向心方向的 9 倍、27 倍粗化。

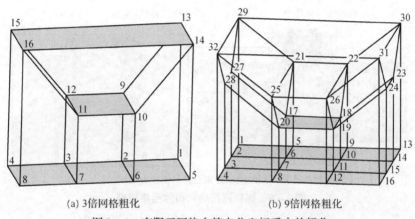

图 2-4　有限元网格在笛卡儿坐标系中的粗化

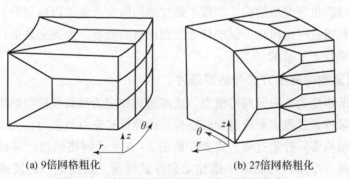

图 2-5　有限元网格在圆柱坐标系中的粗化

根据上述网格粗化方法，在圆柱坐标系内，针对外螺纹首先采用 9 倍粗化模型沿径向向心方向进行第一次粗化，紧接着采用 3 倍粗化模型沿径向进行第二次粗化。同理，针对内螺纹首先采用 9 倍粗化模型沿径向离心方向进行第一次粗化，然后采用3倍粗化模型沿径向进行第二次粗化。最终获得螺栓连接的网格模型如图2-6所示。同时，结合实际摩擦情况，采用Conta174、Targe170单元类型在螺栓、螺母、被连接件之间建立了相应的接触关系。

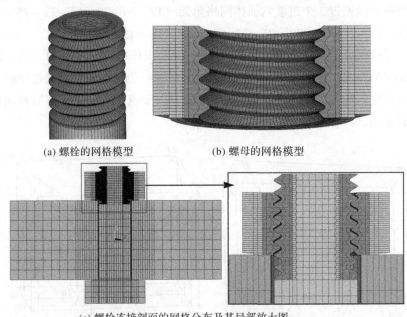

(a) 螺栓的网格模型　　(b) 螺母的网格模型

(c) 螺栓连接剖面的网格分布及其局部放大图

图2-6　螺栓连接的六面体网格模型

以上几何建模与网格划分方法虽然复杂，但能够考虑螺纹牙根圆角、螺纹尾部、螺母倒角等细微结构，实现了螺纹结构的全六面体网格划分，改善网格质量，而且通过网格粗化可以严格地控制网格的数量，为提高数值计算的求解精度和效率打下了基础。

3. 预紧载荷施加方式与边界条件

针对所构建的有限元网格模型，还需施加相应的预紧载荷与约束条件。螺栓连接实际拧紧过程主要通过旋转螺栓头或螺母来获得预紧力，为了在数值分析模型中模拟实际拧紧过程，需要在如图2-6所示网格模型的基础上，对螺栓头或螺母（本章针对螺母）施加动态拧紧载荷，如扭矩、连接速度或角位移。为此，在螺栓连接数值分析模型中，在螺栓拧紧端建立6个刚性面，代表拧紧轴的扭矩输出端，其形状与螺母外围一致并贴合在一起，其高度为螺母高度的2倍左右。然后，通过建立扭矩输出端与螺母的接触关系，结合控制节点（Ansys用pilot节点表示）来控制刚性输出端的输出载荷（扭矩或转速曲线）。

为了防止连接件与被连接件发生刚体运动，同样约束螺栓头端面节点的轴向位移，并限制相应轴心节点的水平位移。

在螺栓拧紧过程的动态数值模拟中，给定螺母旋转的速度曲线及其相应的角位移曲线如图 2-7 所示，其中螺母旋转的始发点为螺母刚好接近被连接件，用来模拟螺栓支承面的贴合位置。螺母的角位移通过有限元分析提取，在拧紧的初始阶段、后期阶段分别采用较低的拧紧速度，因而相应的螺母角位移变化较为缓慢。

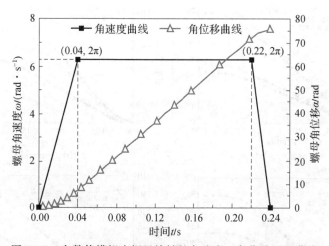

图 2-7 在数值模拟中螺母旋转的角速度、角位移历程曲线

在螺栓连接过程的动力学分析模型中，摩擦系数是重要因素之一。摩擦系数与接触零件的材料、表面形貌、表面处理方式、润滑以及相对运动速度等因素有关。在螺栓的连续拧紧过程中，螺纹副、螺母支承面两接触副首先由静态摩擦变为动态摩擦，随着轴向预紧力、连接速度的变化，接触表面的表面形貌、润滑条件（润滑介质的温度，因摩擦生热而变化）均会发生变化，导致摩擦系数也不断发生变化。特别是对于脉冲动力拧紧工具，每一次的脉冲都需要克服静摩擦的过程，加剧了螺栓拧紧过程中摩擦系数的不确定性。因此，本章将采用有限元瞬态动力学分析模块研究不同摩擦系数对连接过程以及预紧力变化历程的影响规律。

2.1.2 摩擦系数对螺栓连接预紧力的影响规律分析

1. 摩擦系数恒定不变情况下的螺栓拧紧过程数值分析

假设螺栓连接过程中摩擦系数不变，采用如图 2-7 所示角速度曲线旋转螺母来实现螺栓的拧紧。通过数值分析，可以获得螺栓连接过程中螺母支承面、螺纹副啮合面在不同摩擦系数组合下的扭矩（总扭矩、螺纹副摩擦扭矩、支承面摩擦扭矩）、角位移与预紧力的历程曲线，如图2-8所示，其中μ_n为支承面摩擦系数，μ_t为螺纹副啮合面摩擦系数。可以看出，在采用相同角位移历程曲线拧紧策略下，螺纹副、螺母支承面的扭矩与总扭矩在不同时刻的比例系数基本保持不变。

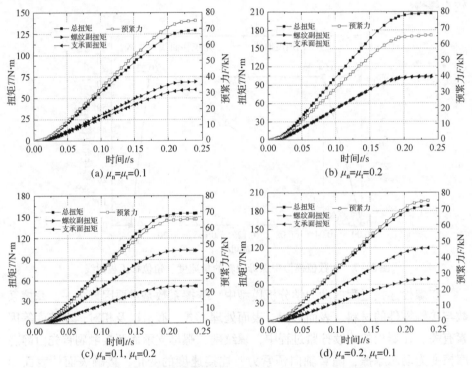

图2-8 螺栓拧紧过程中的扭矩、预紧力变化规律

进一步分析发现，当$\mu_n = \mu_t = 0.1$时，螺母支承面扭矩约占总扭矩的46%，全部被支承面的摩擦损耗掉；螺纹副扭矩约占54%，其中螺纹副扭矩中有一小部分（约为$0.5Fp/\pi$）转化为螺栓预紧力F，占总扭矩的16%，螺纹副扭矩中的大部分由螺纹副摩擦损耗，占总扭矩的38%。当$\mu_n = \mu_t = 0.2$时，螺母支承面、螺纹副的摩擦损耗以及转化为预紧力的扭矩分别占总扭矩的50%、41%、9%。可以看出，随着μ_n、μ_t的同步增大，螺母支承面扭矩的比例由46%上升至50%；螺纹副扭矩的比例则由54%下降至50%，略有下降，但变化均不明显；然而，转化为螺栓预紧力的扭矩所占比例则明显下降，由

16%下降至9%。由此可见,界面摩擦状态对螺栓预紧力的形成具有重要影响。

通过螺栓拧紧过程的动态数值模拟,还可获得螺栓预紧力 F、拧紧扭矩 T、螺母角位移 α 三者之间的关系。如图2-9(a)所示,在螺栓预紧过程中,预紧力 F 随拧紧扭矩 T 的增大呈线性递增,与理论斜率 $(dk)^{-1}$ 一致。在相同的拧紧扭矩下,螺母支承面、螺纹副的摩擦系数越小,获得的预紧力 F 越大,且 μ_n 对 F 的影响更明显。摩擦系数的变化同时也反映了扭矩法中预紧力的离散性,如在 $\mu_n=0.2$、$\mu_t=0.2$、$T=60\text{N}\cdot\text{m}$ 时,$F=18.79\text{kN}$;若摩擦系数减小为 $\mu_n=0.1$、$\mu_t=0.1$,相同 T 对应的 F 高达 34.67kN,增加了近 84.5%。因此,摩擦系数在 $0.1\sim0.2$ 时,预紧力的离散度为 $(F_{max}-F_{min})/(F_{max}-F_{min})$,高达 $\pm30\%$。因此,摩擦状态对螺栓预紧力的形成极为敏感,扭矩法下螺栓预紧力难以准确控制,离散度较大。

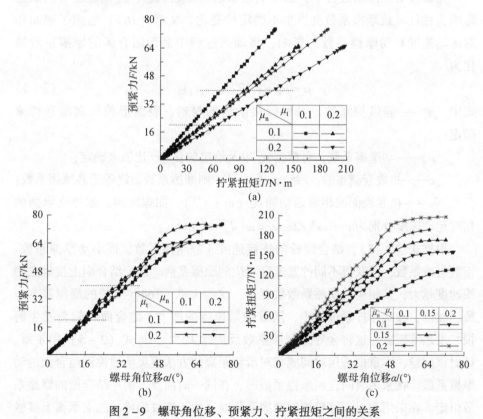

图2-9 螺母角位移、预紧力、拧紧扭矩之间的关系

在螺栓材料的弹性范围内，预紧力与角位移基本成线性关系，如图2-9(b)所示。在相同角位移下，摩擦系数的变化对螺栓预紧力影响较小，说明与扭矩法相比角位移控制策略（转角法）能明显降低预紧力的离散性。从图2-9(c)可以看出，相同角位移下，螺母支承面、螺纹副的摩擦系数越大，所需的拧紧扭矩也越大，当摩擦系数由0.1变为0.2时，所需的拧紧扭矩甚至增加1倍以上。

由上述分析可以看出，界面的摩擦状态对螺栓连接扭矩—预紧力的关系影响显著，导致扭矩法拧紧策略下螺栓预紧力的离散度较大；而螺母角位移与螺栓预紧力的关系呈明显的线性关系，且受界面摩擦系数影响较小，因此角位移控制策略（转角法）可以显著提高螺栓预紧力的控制精度。

2. 摩擦系数动态变化情况下的螺栓拧紧过程数值分析

在螺栓实际拧紧过程中，由于润滑状态、接触状态、连接速度等因素的影响，往往导致摩擦系数会发生不确定性变化。文献[163]考虑了表面相对运动速度对动摩擦系数的影响，将动态过程中滑动结合面的摩擦系数简化为

$$\mu = \mu_d + e^{-cv}(\mu_s - \mu_d) \tag{2-5}$$

式中 μ_s——静摩擦系数，可根据接触体的材料、表面形貌与润滑条件来确定；

μ_d——动摩擦系数，可根据μ_s以及给定的μ_s/μ_d比值来确定；

c——指数衰减系数，$c \geq 1$，若$c=1$，则摩擦系数始终等于静摩擦系数；

v——接触表面的相对运动速度（m·s^{-1}），如螺纹副、螺母支承面的相对运动速度分别为$v_1 = \omega d_2/2$、$v_2 = \omega(d_w + d_h)/4$。

根据式（2-5），结合螺栓的连接速度、静摩擦系数、最小动摩擦系数、指数衰减系数，可获得不同拧紧速度对应的摩擦系数。装配结合面上接触点的线速度越大，其相应的摩擦系数就越小，这与文献[164]反映的规律基本一致。然而，在实际拧紧过程中，随着拧紧速度的增大，结合面可能会发生磨损、发热等现象，这将会导致摩擦系数反而增大[165]，与式（2-5）相矛盾。针对该问题，本章拟采用时间或相对滑移距离的方法更灵活地控制结合面的动摩擦系数。在采用时间控制摩擦系数时，在同一时间点，同一结合面的摩擦系数恒定。在采用相对滑移量控制摩擦系数时，由于螺纹副或动态支承面上接触点的径向位置不同，其相对滑移量不一致，因此不同径向位置的摩擦系数也会

第 2 章 螺栓连接力学特性的数值分析

有细微的差别。

本章根据文献[164]中关于摩擦系数试验预测结果的两种趋势,定义了关于相对滑移距离动态变化的两组摩擦系数历程曲线。如图 2-10 所示,在摩擦系数动态变化情况 1 中,摩擦系数在预紧过程中一直下降;而在摩擦系数动态变化情况 2 中,摩擦系数在预紧过程中先变小,但在后期略有上升。

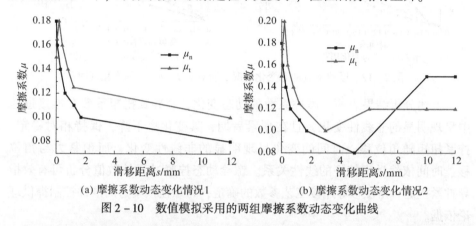

(a) 摩擦系数动态变化情况1　　(b) 摩擦系数动态变化情况2

图 2-10　数值模拟采用的两组摩擦系数动态变化曲线

通过拧紧过程的动态数值模拟,获得了相应 T、α、F、k 的变化规律。如图 2-11 所示,在摩擦系数动态变化情况 1 下,螺栓贴合后的 T、F 随 α 的变化均表现出明显的线性规律,相应的扭矩系数 k 则不断下降,且变化速度不断减缓。如图 2-12 所示,在摩擦系数动态变化情况 2 下,螺栓贴合后的 T 随 t 或 α 的变化均表现出明显的非线性;相应的扭矩系数 k 在连接前期变小,在后期稍有增大趋势,并接近 0.2;F 随 t 或 α 的变化则依然表现出明显的线性规律。

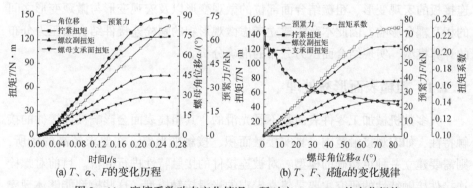

(a) T、α、F 的变化历程　　(b) T、F、k 随 α 的变化规律

图 2-11　摩擦系数动态变化情况 1 所对应 T、α、F 的变化规律

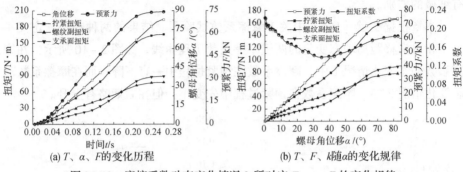

(a) T、α、F 的变化历程 (b) T、F、k 随 α 的变化规律

图 2-12 摩擦系数动态变化情况 2 所对应 T、α、F 的变化规律

上述分析结果表明，摩擦系数的动态变化，会导致扭矩系数在连接过程中呈现明显的非线性变化，且在预紧后期，其变化率下降，保持相对稳定。拧紧扭矩随角位移、时间的变化呈现明显的非线性变化，而预紧力与角位移、时间依然呈现较好的线性关系。螺栓动态拧紧过程的数值分析可有效指导拧紧扭矩、角位移等连接工艺参数的确定，为螺栓预紧力的准确控制提供理论依据。

2.2 考虑微观形貌的螺栓连接结合面压力分布计算

通过上述研究，得到了较为准确的拧紧力矩 T 与预紧力 F 之间的关系，为螺栓连接件一定预紧力的实现提供了保障。而螺栓连接件的连接性能如接触刚度、接触热阻、密封性能等不仅仅受到预紧力的影响，更受到被连接件结合面压力分布的影响，为了更准确地描述结合面压力分布规律，需要同时考虑被连接板的宏观变形、粗糙结合面部位的微观变形以及宏观变形与微观变形之间的相互耦合影响，因此本章将建立考虑微观形貌的螺栓连接件结合面压力分布的计算模型，实现结合面压力分布的准确分析。

2.2.1 粗糙表面形貌处理

大多数机械加工零件表面都不是光滑的，其粗糙表面会影响被连接件的接触特性，如宏观接触范围、真实接触面积、接触变形等。在要求较高的场所，则需要建立一种更精确的模型，对被连接件的接触特性进行分析。目前对螺栓连接件接触特性的研究主要是建立宏观的光滑接触模型，这些模型能够体现宏观接触压力分布，但均无法体现被连接件的表面形貌对压力分布的影响。因此需要建立一种能够同时考虑宏观基体变形以及结合面表面形貌对被连接件结合面接触特性影响的模型,即宏微观跨尺度有限元模型。

1. 表面形貌的获取

为获得较为准确的被连接件加工表面信息,需要对被测试件进行较大范围的测量,结合测量精度、速度以及实验室条件,选用 OLYMPUS OLS4000 激光共聚焦显微镜对被连接件结合面几何形貌进行测量。

1)测量装置

被连接件结合面表面形貌测量所用的激光共聚焦显微镜,备有常规显微镜的功能,如图2-13所示,以405nm短波长半导体激光为光源,通过显微镜内高精度扫描装置对待测试件表面进行二维扫描,获得水平分辨率高达 0.12μm 的表面显微图像,并获得样品表面的三维真实形态。

图2-13 粗糙表面测量装置

2)测量对象与测量结果

以 2A10 铝、表面粗糙度为 6.3、车削表面,以及 45#钢、表面粗糙度为 0.4、磨削表面为例,采用共聚焦显微镜获取其表面信息,由于研究对象为螺栓连接件,被连接板尺寸为 150mm×150mm,因此需要对被连接件进行不同尺度的测量。①采用 10 倍镜头分别对两表面信息进行采集,拼接方式选为 1×1,即不拼接,测量范围约为 1.28mm×1.28mm,获得其较为微观的表面信息,如图2-14所示;②采用5倍镜头分别对两表面信息进行采集,拼接方式选为 1×9,测量范围约为 2.56mm×21mm,获取较大范围的表面信息,如图2-15所示。

2. 表面形貌的分离与重构

由于螺栓连接件的主体为轴对称结构,为了简化运算,在后续的建模过程中采用二维平面模型,主要对螺栓连接件某一径向表面轮廓进行分析。

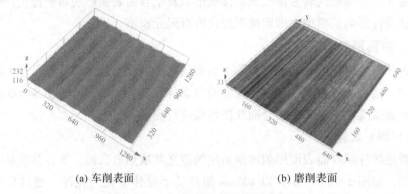

(a) 车削表面　　　　　　　　(b) 磨削表面

图 2–14　10 倍镜头无拼接测量表面

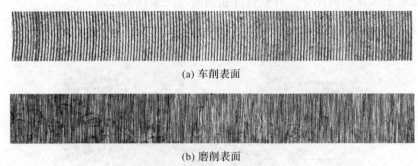

(a) 车削表面

(b) 磨削表面

图 2–15　5 倍 1×9 拼接测量表面

如图 2–16 所示，在表面形貌评价理论中，表面轮廓按照不同的尺度分为三部分：形状误差、波纹度和表面粗糙度。而实际加工表面，其表面粗糙度与波纹度较难区分，将按照以下原则区分：两波峰或波谷之间的距离为波距 l，波峰与波谷之间的距离为波高 h，当 $l/h > 1000$ 时为表面形状误差，$50 < l/h < 1000$ 时为表面波纹度，$l/h < 50$ 时为表面粗糙度。

采用频谱分析与小波分解相结合的方法，对表面轮廓形貌进行分离，之后运用以上所提到的不同尺度表面轮廓区分原则对分离后的表面进行重构。在进行表面处理之前，首先对表面处理所用的基础理论进行介绍。

1）小波变换与频谱分析

一般机械加工表面包含了不同频率段的信息，而小波滤波正好具有较好的时频局域化特性，能够将不同尺度的信息进行分离。采用共聚焦显微镜所测量的表面轮廓信号为离散信号，因而在信号处理的过程中采用离散小波变换，小

第 2 章 螺栓连接力学特性的数值分析

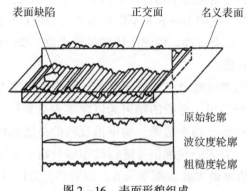

图 2-16 表面形貌组成

波变换一般分为两个过程：小波分解过程及小波重构过程，如图 2-17（a）所示，c^j 为所测量的表面轮廓离散信号，离散小波变换的第一步为将信号 c^j 分为低频部分 c^{j-1}（近似部分）与高频部分 d^{j-1}（细节部分），其中 c^{j-1} 部分代表了表面轮廓的主要特征。之后依次对低频部分进行相似的计算直至达到所需要的尺度，最终结果为 c^{jM}。这其中主要包含两个问题：一为小波基的确定，二为分解层数的确定。

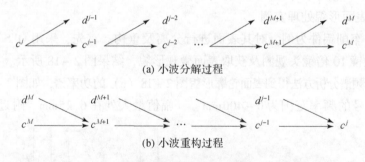

图 2-17 小波变换过程

在选择传统表面形貌小波滤波器时，主要根据四个条件：第一，零相移，不产生相位失真；第二，要尽量抑制边缘效应的影响；第三，幅度传输特性尽量与标准高斯滤波器接近且截止特性平滑；第四，较高的计算效率。在众多小波基中，dbN 小波和双正交样条小波 BiorNr. Nd 为最常用的小波基，其中，db 小波滤波器具有平滑的截止特性，但它们的相频特性却是非线性的，非线性相频特性会扭曲表面滤波结果，所以不适合用于表面形貌测量数据的处理。为了解决对称性和精确信号重构的不相容性引入了双正交小波,它的构造原理决定了它是零相移滤波器,其中 Bior 6.8 不但具有平滑的截止特性,而且其低通幅频特性接近于水平,没有过冲,因此从传输特性上讲,Bior 6.8 比较适合于表面形貌测量的数据处理。

采用频谱分析的方法确定小波分解层数,频谱分析主要是将时间域的信号转化为频率域进行分析,分析的结果为以频率为自变量的频谱函数$F(\omega)$,可求得幅值谱、相位谱、功率谱等。功率谱反映的是随机信号的频率成分及各成分的相对强弱。对表面轮廓信号进行功率谱分析,可得到信号的频率范围为 $0 \sim F_n$,信号功率最大处的频率为 f_1,即频率 f_1 为信号的最主要特征处,此频率处的信号对表面接触分析起主要作用。以频率 f_1 为目标对表面轮廓信号进行小波分解,结合小波滤波的二分特性,表面分解层数确定公式可表示如下:

$$N = \log_2\left(\frac{F}{f_1}\right) \qquad (2-6)$$

式中　N——表面分解层数;
　　　F——信号的频率范围;
　　　f_1——信号功率最大处的频率。

2)表面形貌处理实例

以一车削铝件为例,对其表面进行分离及重构。首先,采用 OLS 4000 共聚焦显微镜 10 倍镜头观测及获取表面微观形貌,结果图 2-18 所示。

采用频谱分析方法得到表面轮廓形貌图 2-18(c)的功率谱,如图 2-19(a)所示,信号的频率范围为 $0 \sim 400 mm^{-1}$,幅值最大处在 $6.25 mm^{-1}$ 附近,结合

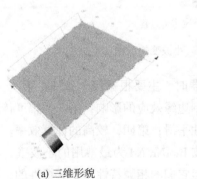
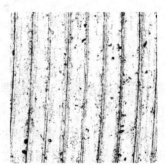

(a) 三维形貌　　　　　　　　　(b) 二维形貌

第 2 章 螺栓连接力学特性的数值分析

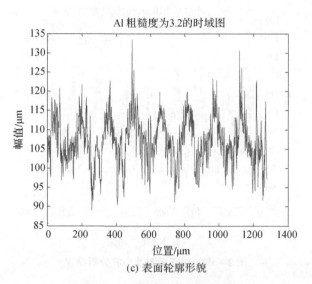

(c) 表面轮廓形貌

图 2-18 实际表面及轮廓形貌

式 (2-6),得到分解层数为 5 层,取第 5 层低频信号对原始信号进行拟合,结果如图 2-19 (b) 所示。利用 matlab 取拟合波形的波峰与波谷,计算其平均峰高 $\bar{h}$ 约为 12.97μm,同样计算其平均波长 $\bar{l}$ 约为 160μm,则 $\bar{l}/\bar{h} = 12.31 < 50$,为表面粗糙度。

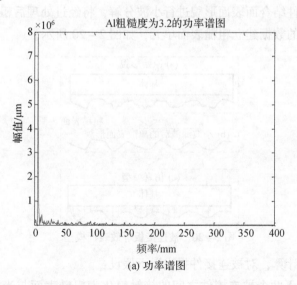

(a) 功率谱图

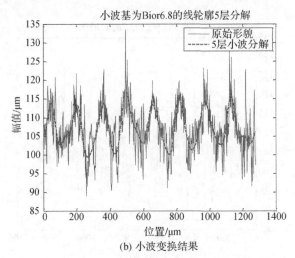

(b) 小波变换结果

图 2-19　功率谱图及小波分析结果

2.2.2　螺栓连接宏微观有限元模型构建

1. 有限元模型粗糙表面的等效方法

螺栓连接件在几何尺度上分为两部分：光滑基体部分与粗糙表面部分，首先按照被连接件的宏观几何尺寸建立其光滑基体部分模型，之后再根据上述的方法对被连接件结合面表面形貌进行小波分解，将经过处理后粗糙表面进行离散，根据离散的数据建立粗糙表面单元，如图 2-20 所示。

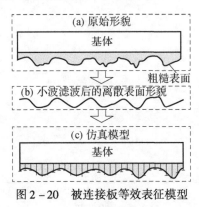

图 2-20　被连接板等效表征模型

为了简化计算，对被连接件提出以下假设：

(1) 将上下两个被连接件之间的接触简化为粗糙表面与光滑弹性表面的接触。

(2) 忽略表面粗糙峰的横向变形，即粗糙峰只发生法向变形。

根据以上假设，对螺栓被连接件粗糙接触表面进行简化，具体过程如图 2-21 所示。图中，步骤 1 所示为两个粗糙面相接触，虚线为两粗糙面最高峰所在的平面，每个粗糙峰都等效为一个具有特定长度的弹簧单元组；将两粗糙面的间隙进行合并，得到步骤 2 所示结果；若上下板满足以上所提出的假设，则模型可简化为一粗糙表面与光滑弹性平面接触，如步骤 3 所示。

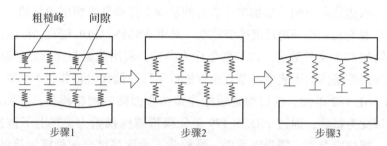

图 2-21 两粗糙表面接触简化流程

2. 宏微观跨尺度模型构建方法

根据两粗糙表面接触等效方法，结合螺栓被连接件表面形貌重构数据，以商业有限元软件 ANSYS 作为平台，利用数据驱动节点移动、变网格划分等技术，建立考虑宏观几何尺寸与微观表面形貌的螺栓连接宏微观跨尺度仿真分析模型。考虑到螺栓连接件具有几何轴对称特性，为了降低模型计算量，提高求解效率，本书只取原构型的 1/2 截面进行分析，具体建模过程如下。

(1) 重构表面形貌离散化。共聚焦显微镜最低倍的镜头采样间距为 3.84μm，如果以该间距为微观网格尺寸，建立被连接件粗糙表面有限元模型，其单元与节点数量将会十分巨大。因此，本书根据粗糙度大小对不同表面轮廓进行一定间距的数据离散，在保证表面形貌特征的基础上有效减少单元与节点数量，并将离散所得的表面形貌数据（包含位置与高度信息）存为 TXT 文本文件。

(2) 螺栓连接宏观模型构建。依据螺栓连接件的宏观几何尺寸，利用 ANSYS APDL 语言分别建立螺栓、螺母、上被连接件基体和下被连接件的二维参数化有限元模型，采用 PLANE 182 单元进行网格划分。在宏观模型建立过程中需要注意：①在定义平面单元类型后，需在单元选项表中选择轴对称选项；②整个平面模型需建立在 X 坐标的右侧，即大于 0 的一侧；③单元表面施加压力数值时，直接输入整个完整模型所受到的力值，无需进行换算。

(3) 螺栓连接结合面变网格划分。通过单元尺寸或者数目对螺栓连接宏观结构进行网格划分。考虑到上被连接件底部需要施加粗糙表面，因此需要对上下被连接件接触部位进行网格细化。根据网格细化的特点，上被连接件基体及其他部分网格大小确定原则为 $E_{size}=3^n \times \Delta l$，其中，$n$ 为基体下表面细化的次数，Δl 为离散后表面形貌数据在 X 方向的间距。以螺栓连接件宏观网格模型为基础，在上下被连接件之间的接触部位进行 n 次单元细化，其他接触部位如螺纹之间、螺母与上被连接件及螺栓头与下被连接件的接触部位也进行一定的细化，以达到在不明显增加单元数目的基础上提高计算精度的目的。

（4）结合面宏微观跨尺度模型建立。采用 ANSYS APDL 语言，读入重构后的表面轮廓 TXT 文件数据。以位置坐标为参考，利用数据驱动节点位移技术，对上被连接件基体的下表面各节点坐标进行偏移，偏移后相邻的 4 个节点组成新的 PLANE 182 单元，从而构建螺栓连接结合面微观网格模型，如图 2-22 所示。以此为基础，通过 PRETS 179 单元模拟螺栓预紧力，在上下被连接件接触面、螺纹啮合面、螺母支承面、螺栓头支承面等结合面处施加接触单元，在对称线上设置轴对称约束，据此建立考虑微观形貌的螺栓连接跨尺度数值分析模型，如图 2-23 所示。

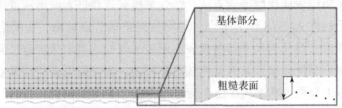

图 2-22 考虑粗糙表面的被连接件有限元建模

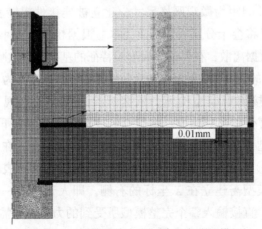

图 2-23 螺栓连接宏微观跨尺度分析模型

2.2.3　螺栓连接宏微观跨尺度模型验证

以尺寸为 M10×1.5 螺栓连接结构为实验案例，构建螺栓连接宏微观跨尺度数值分析模型，计算结合面压力分布规律，并开展实验测试工作，验证模型的正确性。该实例中，上下被连接件的厚度相同且为 10mm，表面粗糙度 Ra = 0.4，被连接板外径为 d_0 = 100mm，装配孔隙为 0.1mm；连接件材料均为 45# 钢，强度等级为 8.8 级，弹性模量为 210GPa，泊松比为 0.3，屈服强度为 355MPa；各接触面摩擦系数均为 0.15；螺栓预紧力为 F = 12kN。

1. 螺栓连接验证实例宏微观建模

一方面，利用上述表面形貌处理方法，对实例被连接件表面形貌进行测量、小波分解与重构，处理结果如图 2-24 所示。以此为基础，采用 Δl = 5μm 为间距对重构形貌进行离散，并将该离散数据存储于 TXT 文本之中。另一方面，依据实例宏观几何尺寸与材料属性，利用 ANSYS APDL 语言构建螺栓连接宏观网格模型，其中，上被连接件基体的网格大小为 E_{size} = 33×5 = 135μm；将上被连接件基体下表面单元进行三次细化后，得到结合面单元大小为 5μm；以此为基础，导入离散数据文本，驱动结合面节点位移，从而建立该实例结合面的微观粗糙表面。

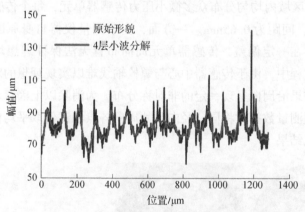

图 2-24　实验案例被连接件粗糙表面重构

利用 PRETS 179 单元对该实例螺栓施加 12kN 的预紧力，其 Y 向（轴向）应力分布如图 2-25 所示。可以看出，被连接件整体压力分布呈现一定的鼓形，由于粗糙峰影响，结合面接触压力并非连续变化，在粗糙峰部位出现了应力集中现象，且两粗糙峰之间的波谷有可能并未接触，即考虑粗糙表面的结合面接触状态具有不连续性。

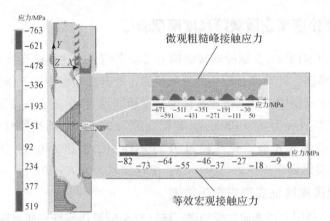

图 2-25 实验案例 Y 向应力分布云图

2. 螺栓连接结合面压力分布对比验证

实验采用与实例相同的螺栓连接材料和尺寸规格,测试实物图如图 2-26 (a) 所示。实验通过垫圈式力传感器测量并控制螺栓预紧力大小,采用 Tekscan 压力薄膜传感器系统来测量被连接件结合面的接触压力分布。图 2-26 (b) 与图 2-26 (c) 分别为实验测量结果和测量仪器。压力薄膜传感器测试区域呈 305°的扇形,区域内均匀分布众多微小压力传感器单元,每个传感器单元的宽度为 0.25mm,间距为 0.65mm。一方面,由于测量仪器自身原因,每个传感器单元厚度存在一定偏差,传感器单元周向布置无法保证理想均匀;另一方面,在测试过程中,由于传感器中心与螺栓轴线难以实现理想的对心装配,压力薄膜测试结果沿周向呈现一定的非对称分布。为消除以上因素对测试结果的影响,在处理测量数据时将同一径向尺寸周向各点测试值取平均值作为该径向尺寸下的测试结果。

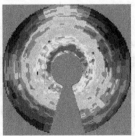

(a) 被连接件实物图　　(b) 测量结果　　(c) 压力薄膜传感器

图 2-26 被连接件结合面压力分布测量实验

第 2 章 螺栓连接力学特性的数值分析

目前，螺栓连接结合面压力分布计算方法主要包括基于四次方形式的理论计算模型和基于理想光滑表面的有限元数值计算模型（理论光滑模型）。图 2-27 为结合面压力分布典型计算模型、宏微观跨尺度模型与实验测量的结果对比。由图 2-27 可以看出，与理论计算模型、理论光滑模型相比，宏微观跨尺度模型的压力分布计算结果与实验测量数据更为接近，验证了本书所构建的螺栓连接件宏微观跨尺度分析模型的正确性。同时发现，螺栓连接结合面接触压力沿径向呈现明显的非线性，在现有粗糙表面接触性能理论分析中，往往将接触压力假设为均匀分布，影响了计算精度，后续可将本模型与之相结合，提高预测结果准确性。

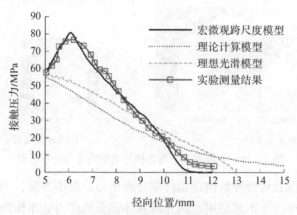

图 2-27 不同模型与实验测量的结果对比

2.3 螺栓连接结合面压力分布影响因素分析

以螺栓连接宏微观跨尺度模型为基础，分别分析被连接件厚度、预紧力大小、螺栓规格尺寸等因素对结合面压力分布、名义接触半径、名义接触面积与真实接触面积等接触性能的影响规律，并与光滑表面结果进行对比。各因素分析用到的粗糙表面数据均是通过测量、提取和重构后所得形貌数据。

2.3.1 被连接件厚度对结合面接触性能的影响

选用尺寸为 M10×1.5 的螺栓，孔隙为 0.1mm，预紧力 F 为 9kN，下被连接件厚度为 10mm，上被连接件厚度变化范围为 $h_1 = 4 \sim 14$mm，上下被连接件材料均为 45#钢，且上被连接件表面分别为理想光滑表面和 $Ra = 0.4$ 的粗糙表面。分别研究不同被连接件厚度对结合面宏微观接触性能的影响。

1. 被连接件厚度对结合面宏观接触性能的影响

分别采用宏观有限元模型和宏微观跨尺度模型对不同厚度下上被连接件具有理想光滑表面、$Ra=0.4$ 粗糙表面的螺栓连接件进行计算。图 2-28 所示为不同厚度下，被连接件的轴向应力分布云图。由图可见，上被连接件应力分布沿轴向呈现明显的鼓形，且被连接件厚度越厚鼓形越显著。同时发现，与理想光滑表面相比，考虑粗糙表面时被连接板应力分布所呈现的鼓形更为明显。

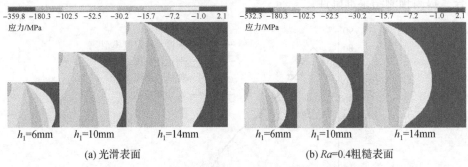

图 2-28 不同厚度下被连接件的轴向应力分布云图

考虑到粗糙表面会导致被连接件结合面压力分布不连续，无法与理想光滑表面进行定量对比。本章采用宏观光滑基体部分的压力分布作为结合面宏观压力分布，以此为基础计算被连接件名义接触半径。图 2-29 与图 2-30 分别给出了结合面的宏观压力分布和名义接触半径随被连接件厚度变化的曲线。可以看出，被连接件结合面宏观压力分布范围随着板厚的增加而增加，但增加幅度逐渐减小，影响呈现一定的非线性。由经典的弹性力学理论可知，当被连接件较厚时可看作半弹性空间，在集中力作用下压力分布呈现球形，当厚度较大时，压力分布范围不再增加，甚至会减小。本书中螺栓被连接件承受支承面压力，并受螺栓孔边界效应影响，使得压力分布呈现鼓形，但变化规律与集中力作用于半弹性空间基本相似。

2. 被连接件厚度对结合面微观接触性能的影响

事实上，当粗糙表面发生接触时，真实接触面积总是远远小于名义接触面积，同时每一个粗糙峰上的压力值都远远大于理想光滑表面接触时的压力值，结合面微观接触压力可通过 ANSYS 计算结果提取各接触单元的法向应力获得。

第 2 章 螺栓连接力学特性的数值分析

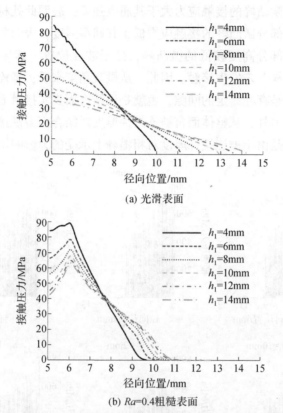

(a) 光滑表面

(b) $Ra=0.4$粗糙表面

图 2-29 不同厚度下被连接件结合面的宏观压力分布

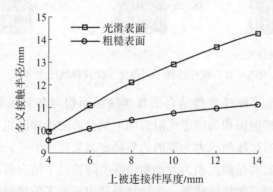

图 2-30 不同厚度下被连接件的名义接触半径变化曲线

本章以螺栓连接宏微观跨尺度模型为基础，分别获得上被连接件不同厚度条件下粗糙表面微观接触压力，如图 2-31 所示。由图 2-31 可知，粗糙表面一部分高度较高微凸峰的接触应力大于其屈服强度，表明此处材料发生了明显的塑性变形；一部分微凸峰的接触应力低于其屈服强度，表明此处材料发生了弹性变形；而一部分高度较低的微凸峰，处于波谷位置，其接触应力基本为零，表明该处材料并未发生接触。因此，从微观角度来看，螺栓连接结合面并非完全接触，而是存在一定的间隙，也就是说结合面真实接触面积要明显小于名义接触面积。另外，从整体而言被连接件厚度对结合面微观接触应力分布影响有限，这主要是由于被连接件厚度对粗糙峰上承受的力影响不大。

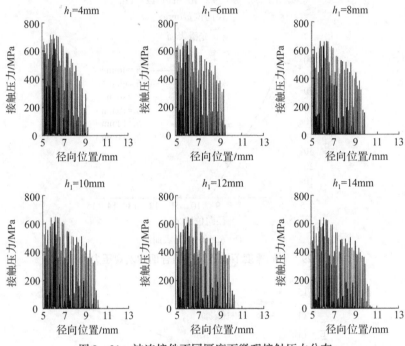

图 2-31 被连接件不同厚度下微观接触压力分布

图 2-32 给出了螺栓连接结合面真实接触面积与名义接触面积的对比结果。其中，名义接触面积为理想光滑表面下结合面的接触面积，以宏观压力分布范围为依据，通过接触压力为零的边界确定名义接触半径，进而计算结合面名义接触面积；真实接触面积为考虑粗糙峰实际接触下结合面的接触面积，通过判断每个接触单元的接触状态，统计接触压力不为零的接触单元面积，所有不为零接触单元面积的总和即为结合面真实接触面积。可以看出，结合面真实接触面积要远远小于名义接触面积，且名义接触面积会随着被连接件厚度的变化而变化，但真实接触面积受此影响较小。

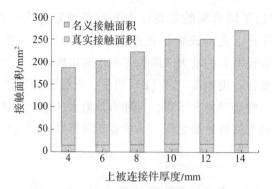

图 2-32 被连接件不同厚度下粗糙表面真实接触面积与名义接触面积对比

2.3.2 预紧力对结合面接触性能的影响

同样,选用尺寸为 M10×1.5 的螺栓螺母,研究不同螺栓预紧力对结合面宏微观接触性能的影响,其中,预紧力变化范围为 $F=3\sim18\mathrm{kN}$。

1. 预紧力对结合面宏观接触性能的影响

图 2-33 所示为不同预紧力下,被连接件结合面的轴向应力分布云图。由图可见,与被连接件厚度影响规律相似,螺栓预紧力越大,被连接件应力分布鼓形越显著;与理想光滑表面相比,粗糙表面下被连接板应力分布所呈现的鼓形也更为明显。

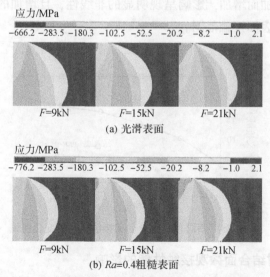

图 2-33 不同预紧力下被连接件的轴向应力分布云图

图 2-34 给出了结合面的宏观压力分布随预紧力大小的变化曲线。由图 2-34（a）可见，光滑表面下被连接件结合面压力靠近孔径处的一阶偏导均小于零，随着预紧力的增大一阶偏导的绝对值增大，且最大接触半径不随预紧力的变化而变化；由图 2-34（b）可见，粗糙表面下被连接件结合面压力靠近孔径处的一阶偏导均大于零，且随着预紧力的增大而增大，结合面压力最大值出现在孔径与螺母外缘之间，其位置不随预紧力的变化而变化。

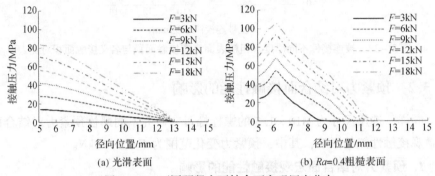

(a) 光滑表面　　　　(b) $Ra=0.4$ 粗糙表面

图 2-34　不同预紧力下结合面宏观压力分布

不同预紧力条件下，结合面名义接触半径的变化曲线如图 2-35 所示。由图可见，光滑表面的名义接触半径与预紧力无关，预紧力仅影响结合面压力大小，不影响接触范围。然而，在考虑粗糙表面情况下，结合面的名义接触半径会随预紧力的增加而增加，影响呈现明显的非线性，且增加的幅度逐步减小，并逐渐接近光滑表面接触范围。

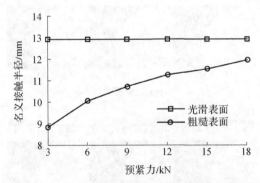

图 2-35　不同预紧力下名义接触半径的变化曲线

2. 预紧力对结合面微观接触性能的影响

图 2-36 给出了不同螺栓预紧力条件下，粗糙表面的微观接触压力分布。

可以看出，随着预紧力的增加，粗糙峰所受的接触应力增大，结合面接触的范围也随着预紧力的增加而增加。

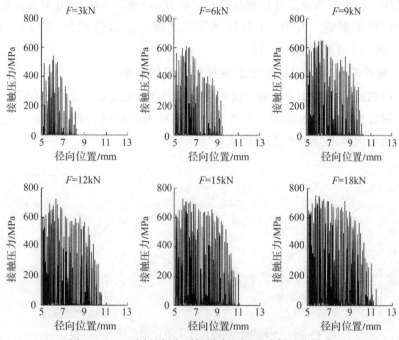

图 2-36　不同预紧力下粗糙表面微观接触压力分布

不同预紧力条件下，螺栓连接结合面真实接触面积与名义接触面积的对比结果如图 2-37 所示。可以看出，随着预紧力的增加，真实、名义接触面积均增大，真实接触面积与名义接触面积的比值随着预紧力的增加而增加，由此也可说明随着预紧力的增加，真实接触面积的增加幅度大于名义接触面积的增加幅度。

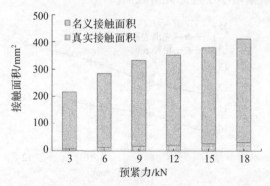

图 2-37　不同预紧力下粗糙表面真实接触面积与名义接触面积对比

2.3.3 螺栓规格尺寸对结合面接触性能的影响

选用4种不同规格尺寸的螺栓螺母，研究不同螺栓规格尺寸对结合面宏微观接触性能的影响，其中，4种规格尺寸的螺栓螺母分别为 M6×1、M8×1.25、M10×1.5 和 M12×1.75。

1. 螺栓规格尺寸对结合面宏观接触性能的影响

不同螺栓规格尺寸下，结合面的宏观压力分布曲线如图2-38所示。可以看出，随着螺栓直径的增加，光滑表面与粗糙表面的结合面压力的峰值均减小，且结合面压力分布半径均增加。

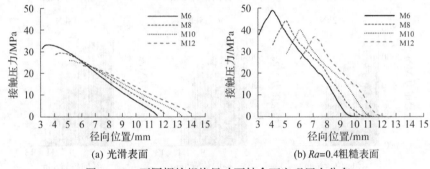

图2-38 不同螺栓规格尺寸下结合面宏观压力分布

图2-39所示为被连接件结合面名义接触半径随螺栓规格尺寸大小的变化曲线。可以看出，随着螺栓直径的增加，被连接件的名义接触半径呈线性比例增加，但增幅均小于螺栓直径的增幅。光滑表面下名义接触半径与螺栓直径线性关系斜率为0.43，而粗糙表面下线性关系斜率为0.37，因此，粗糙表面下名义接触半径的增幅略小于理想光滑表面。

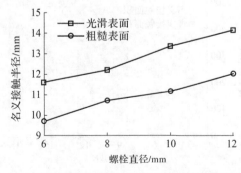

图2-39 不同螺栓规格尺寸下名义接触半径的变化曲线

2. 螺栓规格尺寸对结合面微观接触性能的影响

图 2-40 所示为螺栓连接结合面真实接触面积与名义接触面积的对比结果。可以看出,随着螺栓直径的增加,被连接板的名义接触面积明显增加,但真实接触面积增加幅度不明显,主要原因在于螺栓直径增加后,有更多范围的上下粗糙峰相互接触,但随着接触范围的增加,结合面的平均接触压力减小,从而导致在此接触范围内较低的粗糙峰不再发生接触,因此真实接触面积变化不显著。

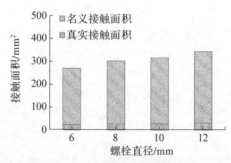

图 2-40 不同螺栓规格尺寸下粗糙表面真实接触面积与名义接触面积对比

连接结合面接触
特性的超声体波检测

第 3 章

连接结合面接触特性的超声体波检测

螺栓连接结合面的存在破坏了机械设备的连续性，对于整机性能有重要影响。螺栓连接结合面的接触性能不仅对整机的动静态特性有重要影响，还会对机械装备整机精度与性能的保持有重要影响。螺栓连接结合面接触性能的准确检测方法是确保结合面连接质量的重要手段，受到了各国学者及工程技术人员的重视。

采用超声波可以对结合面接触面积、接触压强等进行检测，为此本章建立了超声波在接触界面的传播模型，介绍了连接结合面接触刚度与接触压强的超声检测方法，并以不同的实例，如螺栓连接界面检测作为说明，将超声检测结果与理论分析结果进行对比，以验证超声检测方法的准确性。

3.1 结合面接触特性的超声检测原理及反射率

3.1.1 接触特性的超声检测原理

超声波是检测结合面参数的有效方法，当一束超声信号入射到一个结合面时，该信号会在结合面处发生部分的反射，该反射信号可以反映结合面的接触状况，以此可以实现对接触面积、接触刚度、接触压强的检测。超声方法是一种无损检测方法，该方法可以在不拆卸工件的情况下直接测量，而且不改变工件的接触状态，因而受到广泛关注。国内外学者对超声检测方法开展了广泛研究，并已将超声方法应用于火车轮—轨接触[73]、螺栓结合面[74-75]、圆柱配合面[76]、滚动轴承[77]等检测中。

当一束超声脉冲垂直入射到一个结合面时，反射波幅值与入射波幅值之比，称为超声波反射率，如下式所示：

$$R = \frac{A_f}{A_i} \tag{3-1}$$

式中 R——超声波反射率;

A_f——超声波在结合面的反射波幅值;

A_i——超声波在结合面的入射波幅值。

当该结合面为理想接触时,结合面上的位移与应力连续,即结合面处不存在破裂、剥离、滑动等现象,根据弹性动力学理论[71],此时超声波反射率可用下式计算:

$$R_{12} = \frac{z_2 - z_1}{z_2 + z_1} \tag{3-2}$$

式中 z——界面两侧材料的声阻抗,其下标指的是两侧材料编号。

对于一个理想接触的钢—钢结合面 ($z_1 = z_2$),其反射率为0,如图3-1(a)所示[166]。而对于一个空气—钢结合面,由于空气的声阻抗远远小于钢 ($z_1 \ll z_2$,约为钢的十万分之一),几乎所有的入射波都会被反射回去,此时其反射率为1。

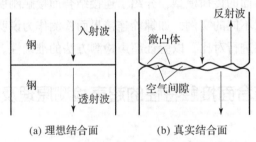

(a) 理想结合面　　(b) 真实结合面

图3-1 超声波在结合面的反射与透射

实际上,工程实际中的接触表面均为粗糙表面,根据结合面接触特性的分析理论可知,粗糙表面上的粗糙峰一般可以看作一系列的微凸体,对于一个名义接触的钢—钢结合面,真实接触实际上仅发生在一些微凸体上,同时该名义结合面上会分布着很多空气间隙,如图3-1(b)所示。此时,如果一个超声脉冲入射到该钢—钢结合面,其会有一部分被这些空气间隙反射,因此其反射系数会在0和1之间。如果该超声信号的波长远大于这些空气间隙的尺寸,超声信号会覆盖在很多空气间隙上,此时反射波的大小就不取决于空气间隙的具体尺寸和形状了,而是主要取决于结合面的刚度[72]。另外,由于结合面的接触刚度一般随着接触压强的增加而增加,因此超声波反射率可以用于接触面积、接触压强等接触特性的检测。

3.1.2 连接结合面超声反射率计算方法

结合面超声波反射率的准确检测是实现结合面接触特性准确检测的基础，利用超声反射率可直接检测到结合面处是否接触，因此可以直接检测结合面的名义接触面积。在结合面特性的超声检测中，结合面处超声波反射率的提取是其中的关键步骤，其准确与否会直接影响检测精度。水浸式超声检测可以大大减小耦合剂的影响，实现自动扫描，并可以采用聚焦探头以提高分辨率，因而采用水浸式超声探头对结合面进行检测。

由于超声在固体中传播时会受到很多因素的影响：金属内晶界等会对声波造成散射；随着超声波传播距离的增加，声波波束扩大会造成声波的衰减；另外传播介质的黏滞性会造成超声能量被吸收。因此在利用式（3-1）计算结合面的超声波反射率时，很难通过理论计算确定结合面处入射波的幅值。另外，钢—空气界面的反射系数为1，因此一般在结合面未接触时测量钢—空气界面的反射波，并以此作为接触后结合面处的入射波，以实现超声反射率的提取。下文为叙述方便，将上述试件—空气界面的反射信号称为参考信号，将试件—试件结合面的反射信号称为结合面信号。

由于水浸式超声检测可以实现对结合面的自动扫描，且受耦合剂等因素的影响较小，因此很多学者采用水浸式聚焦超声探头对结合面接触特性进行检测。Drinkwater等[72]针对水浸式超声探头对铝—铝结合面的检测，首先测量了结合面接触时的超声反射信号（图3-2），然后测量了未接触时的超声反射信号，并以此为参考信号，其提出利用下式计算反射率：

$$R = \frac{A_{f1}}{A_{r1}} \quad (3-3)$$

式中 A_{f1}——铝试件1与铝试件2结合面处反射信号（即结合面信号）一次回波幅值；

A_{r1}——铝试件2与空气界面反射信号（即参考信号）一次回波幅值。

在利用上式计算反射率时，其分别对上述反射信号进行傅里叶变换，在对应的频率下，根据式（3-3）进行计算，因而可以得到不同频率下的超声反射率。

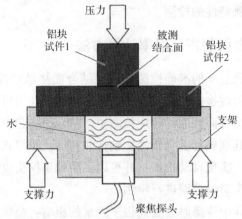

图 3-2 结合面反射率的测量[72]

需要指出的是，对于简单平板接触，如平板与球、刀具等试件等的接触，由于平板形状简单，且该接触面上存在未接触区域，即平板—空气界面区域，为提高检测效率可以仅进行一次扫描，将未接触区域的回波幅值作为参考信号，利用式（3-3）计算超声波反射率。

3.2 连接结合面接触刚度检测方法

3.2.1 结合面超声传播模型概述

为准确描述结合面接触刚度与超声波反射率的关系，在过去的数十年里，学者们建立了不同的结合面超声传播模型。1971 年，Kendal 和 Tabor[167]为描述静止和滑动结合面的超声反射，在假设结合面处为弹性接触的基础上，提出了著名的弹簧模型（Spring Model）。根据该模型，超声波穿过结合面时，结合面处的位移是不连续的，而应力是连续的，此时可以用一组平行的弹簧来描述结合面的力学特性，如图 3-3（a）所示。当结合面两侧的材料相同时，弹簧模型可以表述如下：

$$R = \frac{j\omega z}{2k + j\omega z} \qquad (3-4)$$

式中　j——虚数单位；

　　　ω——超声波的角频率；

　　　k——结合面刚度（每单位面积）。

第 3 章 连接结合面接触特性的超声体波检测

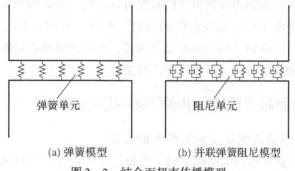

(a) 弹簧模型　　　　(b) 并联弹簧阻尼模型

图 3-3　结合面超声传播模型

弹簧模型被广泛地应用于接触刚度检测[168],且检测时均认为式(3-4)中的刚度 k 即为结合面微观接触理论中的静刚度,即

$$k = -\frac{\mathrm{d}p_{\mathrm{nom}}}{\mathrm{d}u} \tag{3-5}$$

式中　p_{nom}——结合面的名义接触压强;

u——两个粗糙表面基准面之间的距离。

Drinkwater 等[72]利用水浸式超声探头,根据弹簧模型测量了铝—铝结合面在不同压力下的接触刚度,如图 3-3(a)所示。其将上述测量的结果与 GW 模型等结合面理论模型的预测结果进行了对比,然而超声结果大大高于理论模型的预测结果。Mulvihill 等[169]同时利用基于 DIC 的光学方法和基于弹簧模型的超声方法对结合面接触刚度进行检测,其结果表明在压强为 100MPa 时,超声检测结果是光学检测结果的 2.4 倍。

Krolikowski 等[170]和 Biwa 等[171]均指出,在结合面处存在超声衰减,很可能是由于粗糙表面接触微凸体间的摩擦或黏附。因此,Krolikowski 等[170-172]进一步提出了并联弹簧阻尼模型,以考虑超声在结合面的衰减。根据该模型,结合面可以用一系列的并联弹簧阻尼单元代表,如图 3-3(b)所示。该模型简化后,当结合面两侧材料相同时,结合面的超声波反射率可以用下式表示:

$$R = \frac{\mathrm{j}\omega z}{2k + \mathrm{j}\omega(2\eta + z)} \tag{3-6}$$

式中:η 为黏性摩擦系数。在该模型中,由于引入了阻尼单元,因此其接触刚度为复数,其实数部分代表了结合面的静刚度,与超声频率无关。然而遗憾的是,根据该并联弹簧阻尼模型得到的接触刚度仍然较大,在 100MPa 时其检测值是 GW 模型预测值的约 2.2 倍[172]。

从上述对结合面超声传播模型的研究可以看到，经典的弹簧模型，由于未能有效地考虑到由于结合面微凸体的摩擦、黏附、塑性变形等造成的超声衰减，无法实现对结合面接触刚度的准确测量，而并联弹簧阻尼模型虽然考虑了超声在结合面衰减的影响，其效果并不理想。

3.2.2 结合面超声传播的串联弹簧—阻尼模型

1. 结合面的薄层假设及其超声传播模型

分析超声在黏接结合面的传播时，可以将其等效为一个黏弹性层，其等效特性取决于黏接结合面的微观结构。借鉴上述思路，本节将图3-4（a）所示的装配结合面等效为一个厚度远小于超声波波长的黏弹性薄层，以更为方便地描述超声传播[173]，如图3-4（b）所示。对于该薄层，假设该薄层与两边介质连接的上下边界，应力与位移连续，薄层与两侧基体的材料参数如图3-4（b）所示。此时，可以根据声波在多层介质中的传播理论，并利用渐进展开法分析超声波在该界面层的传播。

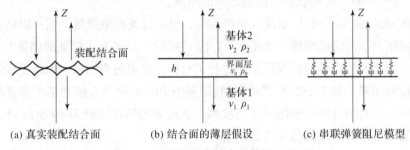

(a) 真实装配结合面　　(b) 结合面的薄层假设　　(c) 串联弹簧阻尼模型

图3-4　超声从装配结合面传播示意图

当一束纵波从基体2中垂直入射到界面层时，根据声波在多层介质的传递矩阵理论[174]，该声波在界面层的反射系数为

$$R = \frac{\rho_0 v_0 \sin P + jz_1 \cos P - jz_2 \cos P - \dfrac{z_2 z_1}{\rho_0 v_0} \sin P}{\rho_0 v_0 \sin P + jz_1 \cos P + jz_2 \cos P + \dfrac{z_2 z_1}{\rho_0 v_0} \sin P} \quad (3-7)$$

其中：

$$P = \frac{\omega}{v_0} h$$

$$z_1 = \rho_1 v_1$$

$$z_2 = \rho_2 v_2 \tag{3-8}$$

式中 h——界面层厚度；

ω——声波的角频率；

v_0, v_1, v_2——声波在界面层、基体1、基体2中的纵波波速；

ρ_0, ρ_1, ρ_2——界面层、基体1、基体2的密度；

z_1, z_2——基体1、2的声阻抗；

j——虚数单位。

当声波波长远大于界面层厚度时，式（3-7）可以进行渐进展开[175]，此时仅保留一阶项：

$$R = \frac{m_0\omega + jz_1 - jz_2 - \dfrac{z_2 z_1 \omega h}{\rho_0 v_0^2}}{m_0\omega + jz_1 + jz_2 + \dfrac{z_2 z_1 \omega h}{\rho_0 v_0^2}} \tag{3-9}$$

其中：

$$m_0 = \rho_0 h \tag{3-10}$$

式中 m_0——界面层单位面积质量。

对于装配结合面，其界面层质量很小，可以忽略，当基体1和基体2的材料相同时（$z_1 = z_2 = z$），式（3-9）可以简化为

$$R = \frac{-z\omega h}{2j\rho_0 v_0^2 + z\omega h} \tag{3-11}$$

根据弹性动力学理论[71]，界面层中的纵波波速可以用下式表达：

$$v_0 = \sqrt{\frac{K_0 + \dfrac{4}{3}G_0}{\rho_0}} \tag{3-12}$$

式中 K_0, G_0——界面层的体积模量和剪切模量。

将式（3-12）代入式（3-11）可得：

$$R = \frac{-z\omega}{2jk_m + z\omega} \tag{3-13}$$

其中：

$$k_m = \frac{K_0 + \dfrac{4}{3}G_0}{h} \tag{3-14}$$

式中 k_m——界面层的名义刚度[175]。

当界面层为弹性材料时，式（3-13）即为绪论中所述的弹簧模型。

2. 基于 Maxwell 材料假设的串联弹簧—阻尼模型

为考虑超声波在结合面的衰减，准确描述超声波在结合面的传播，本节将上述界面层的材料假设为 Maxwell 材料，其体积模量和剪切模量的本构关系如图 3-5 所示。

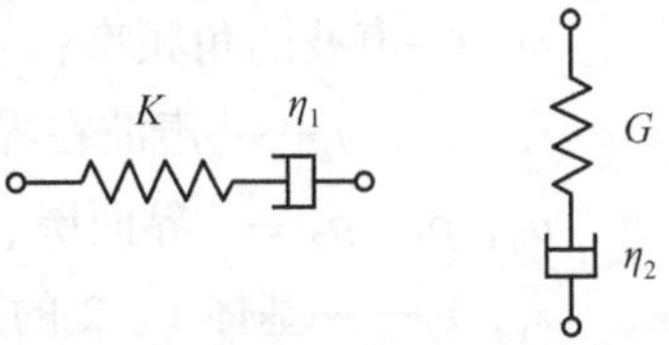

因此该层的体积模量和剪切模量为复数，根据黏弹性理论[176]，该层的复体积模量和复剪切模量可用下式表示：

图 3-5 界面层本构关系示意图

$$K_0 = \frac{jK\omega\lambda_1}{1+j\omega\lambda_1}$$
$$G_0 = \frac{jG\omega\lambda_2}{1+j\omega\lambda_2}$$
（3-15）

式中 K，G——复体积模量和复剪切模量中弹簧单元的弹性模量，如图 3-5 所示；

λ_1，λ_2——复体积模量和复剪切模量的松弛时间，可用下式表示：

$$\lambda_1 = \frac{\eta_1}{K}$$
$$\lambda_2 = \frac{\eta_2}{G}$$
（3-16）

为对模型进行简化，减少参数，假设上述两个松弛时间相同，即 $\lambda_1 = \lambda_2 = \lambda$。将式（3-15）及式（3-16）代入式（3-13）及式（3-14）中，可得

$$R = \frac{-z\omega\lambda + jz}{z\omega\lambda + j(2k\lambda - z)}$$
（3-17）

其中，

$$k = \frac{K + \frac{4}{3}G}{h}$$
（3-18）

在式（3-14）中，当角频率 ω 变为 0 时，界面层名义刚度 k_m 变为名义静刚度。假设当角频率接近 0 时，松弛时间 λ 趋向于无穷大，此时，式（3-18）中的 k 即为界面层的名义静刚度。因此当波长与界面层厚度相比足够长时（波长大于界面层厚度 10 倍），界面层可用串联弹簧阻尼模型描述，如图 3-4（c）所示，式（3-17）即为超声在结合面传播的串联弹簧阻尼模型。此时式（3-17）的模为[173]

$$|R|^2 = \frac{z^2(\omega^2\lambda^2 + 1)}{z^2\omega^2\lambda^2 + (2k\lambda - z)^2} \tag{3-19}$$

因此可利用上式计算界面层名义静刚度 k。

3. 基于串联弹簧—阻尼模型的接触刚度检测方法

当将结合面假设为图 3-4（b）所示的固体界面层后，结合面的法向接触刚度即变为该界面层的法向刚度，可用下式计算：

$$k_n = \frac{p}{\delta} \tag{3-20}$$

式中 p——界面层所受的压强；

δ——界面层厚度变化量。

由于压强可用垂直方向的应力表示，且该界面层为固体，因此根据弹性力学理论，式（3-20）可以表示为

$$k_n = \frac{\sigma_z}{\varepsilon_z h} = \frac{E_0}{h} \tag{3-21}$$

式中 σ_z——界面层 z 方向应力；

ε_z——界面层 z 方向应变；

E_0——界面层杨氏模量。

可以看到，界面层的法向刚度与上节中界面层名义刚度 k_m 并不相同。同样的，结合面的切向刚度也可以用界面层的剪切模量表示：

$$k_t = \frac{G_0}{h} \tag{3-22}$$

此时，根据弹性力学中各弹性模量之间的关系，法向刚度 k_n 与名义刚度 k_m 的关系可以用下式表示：

$$k_n = k_m \cdot \frac{(1-2\mu_0)(1+\mu_0)}{1-\mu_0} \tag{3-23}$$

式中 μ_0——界面层的泊松比，根据其与杨氏模量、剪切模量的关系，其可用下式表示：

$$\mu_0 = \frac{E_0}{2G_0} - 1 = \frac{1}{2S} - 1 \tag{3-24}$$

式中 S——切向刚度与法向刚度之比。

因此式（3-23）可用下式表示：

$$k_n = k_m \cdot \frac{3S-1}{4S^2 - S} \tag{3-25}$$

因此,当界面层材料为前述的 Maxwell 黏弹性材料,且 ω 为 0 时,k_m 即为式中的 k,因此界面层的法向静刚度为

$$k_n = k \cdot \frac{3S-1}{4S^2-S} \tag{3-26}$$

因此可以利用式(3-19)和式(3-26)检测结合面刚度,式(3-26)中接触刚度比可以通过理论或者实验的方法获得。然而实验方法需要同时检测法向接触刚度和切向接触刚度,实际应用中较为繁琐。另外,目前学者已经对接触刚度比进行了很多研究,并得到了不同材料作为基体时的接触刚度比的理论计算公式。本章为计算结合面的接触刚度,采用 Haines[177] 和 Sherif 等[178] 针对钢试件提出的接触刚度比计算公式:

$$S = \frac{1}{2(1+\mu)} \tag{3-27}$$

$$S = \frac{\pi(1-\mu)}{2(2-\mu)} \tag{3-28}$$

式中 μ——基体材料的泊松比。

因此利用式(3-27)和式(3-28)可实现对结合面的接触刚度检测。

3.3 连接结合面接触压强分布检测方法

3.3.1 标定实验与接触压强—反射率曲线构建

超声方法可以实现对结合面接触压强的检测,为此需要在对被测结合面反射率测量的基础上,构建接触压强—超声反射率的关系曲线。对于工程实际中的结合面,接触刚度一般随着接触压强的增加而增加,然而接触刚度也会受到结合面上微凸体的数量、尺寸、分布等的影响,这样很难构建一个唯一的接触压强—接触刚度关系式,因此也很难构建一个接触压强—反射系数的理论公式[74]。然而对于一个给定的结合面,接触刚度则取决于接触压强,且在压强较小时它们之间为线性关系[179]。因而可以通过一个标定实验来为这个给定的结合面构建一条接触压强—超声反射率曲线。在标定实验中,需要对一个已知理论接触压强的结合面进行超声检测,其试件的材料、表面粗糙度等要与前面给定结合面的材料、表面粗糙度等一致,而且所使用的超声探头、频率也须一致。

1. 有标定实验接触压强—反射率曲线构建

Dwyer – Joyce 等[180]提出利用一个直径 10mm 的平冲头与一个平圆盘的接触进行标定实验，根据弹性力学的解析分析，在该结合面的中心区域压强分布较为均匀，且压强值为整个结合面名义接触压强的 75%，在实验测量后，采用下式对实验数据进行拟合：

$$p_{nom} = a \cdot e^{-R} + b \cdot R - c \tag{3-29}$$

式中 p_{nom}——中心区域压强；

a, b, c——拟合系数。

在此标定实验中，采用的实验装置与图 3 – 2 相似。在标定实验中计算反射率时，采用的频率要与结合面压强检测实验中采用的频率一致。为构建更为准确的接触压强—反射率曲线，采用结合面中间区域反射率的平均值，对于该区域的接触压强，可以采用有限元法进行计算。在实验完成后，要采用下式对超声反射率及对应的接触压强数据进行拟合：

$$p = a \cdot R^2 + b \cdot R + c \tag{3-30}$$

式中 a, b, c——拟合参数。

2. 无标定实验接触压强—反射率曲线构建

由于标定实验较为繁琐，Yao 等[181-182]假设超声波反射率与接触压强成线性关系，为计算简单其提出利用下式表达超声信号与接触压强之间的关系：

$$p_{nom} = C \cdot S \tag{3-31}$$

式中 C——常数；

S——超声信号幅值。

在检测刀具与平板接触时，根据施加的外力及式 (3 – 31)，可直接由检测的超声波信号幅值得到接触压强分布，然而上式过于简单，并不适用于构建接触压强—超声反射率之间的关系，比如其无法描述反射率为 1 时，接触压强为 0 的情况。

针对平板与球、刀具等简单平板接触的情况，研究了无标定实验的接触压强—反射率曲线计算方法。根据第 2 章的分析可知，简单平板接触中一般存在较大的未接触区域，可以仅对该结合面进行一次扫描即可实现反射率提取。由于接触压强—超声反射率的关系采用式 (3 – 30) 描述时较为复杂，此时可利用直线对其进行近似的描述，因此可以采用下式描述：

$$p = a \cdot R + b \tag{3-32}$$

式中 a,b——拟合参数。

对于扫描区域为 $x \times y\text{mm}^2$ 超声检测实验,此时扫描间隔为 $\Delta x\text{mm}$,扫描点数为 n,假设每一个扫描点的反射率代表该扫描网格 ($\Delta x \times \Delta x$) 的反射率,且网格内压强分布均匀,此时对于第 i 个网格内的接触力为

$$\Delta F_i = p_i \cdot \Delta x^2 = (a \cdot R_i + b) \cdot \Delta x^2 \quad (3-33)$$

因此结合面上的总接触力为

$$F = \sum_i^n p_i \cdot \Delta x^2 = \Delta x^2 \cdot \left(a \sum_i^n R_i + b \cdot n\right) \quad (3-34)$$

式 (3-34) 中,施加的压力、扫描点数、反射率、每个网格的面积已知,仅有 a,b 两个未知数,因此当对被测结合面施加两次或两次以上不同的压力时,根据式 (3-34) 可以求得 a,b 的数值,进而可以得到结合面上的压强分布。

3.3.2 面向接触压强检测的超声模糊效应

采用超声测量结合面时,通常采用聚焦超声探头,焦点直径可用下式计算:

$$d_{f(-6\text{dB})} = \frac{1.02Fc}{fD} \quad (3-35)$$

式中 d_f——焦点直径(直径处声压为峰值 -6dB);

F——超声探头水中焦距;

c——水中声速;

f——超声波频率;

D——超声波探头晶片直径。

根据式 (3-35) 可知,通过提高超声探头频率可以减小聚焦超声探头的焦点直径。但超声探头焦点为有限尺寸,由此产生的模糊效应,使检测得到的接触压强比真实接触压强变化更为平缓,这也限制了接触压强的检测精度。模糊效应在数学上可以利用卷积进行描述。以 $g(x,y)$ 表示实验提取的反射率矩阵,则超声探头焦点导致反射率矩阵产生模糊效应的数学模型为[183]

$$g(x,y) = f(x,y) \times h(x,y) + w(x,y) \quad (3-36)$$

式中 $f(x,y)$——理想反射率矩阵(无模糊效应);

$w(x,y)$——超声检测实验中产生的加性噪声;

$h(x,y)$——超声探头焦平面声压分布特性(简称探头声压分布),其物

理意义为超声波探头在聚焦区单位面积反射体反射信号的幅值。上述矩阵中 x,y 分别为超声探头扫描平面的横纵坐标。

超声探头横截面的声压分布特性可以利用 ASTM E1065 标准通过实验的方法确定。根据该方法,测量时需要扫描一个直径为超声波长 10 倍左右的小球,并提取超声反射波幅值。由于超声探头声压分布的形状与高斯函数形状一致,因此为减小噪声便于后续计算,利用三维高斯函数对扫描结果进行拟合。本节采用该标准分别测量了 1MHz、5MHz、15MHz 探头的声压特性。对于 15MHz 探头,分别利用直径为 1.0mm 和 1.5mm 的小球测量了其在 15MHz 和 10MHz 下的声压分布。图 3-6(a)所示为 1MHz 探头,采用 Φ15mm 小球进行扫描的结果,图 3-6(b)所示为三个探头在 1MHz、5MHz、10MHz、15MHz 下检测到的声压分布拟合值的对比。从图中可以看出,采用不同频率的超声探头声压分布差别较大,特别是 15MHz 探头的焦点明显较小。

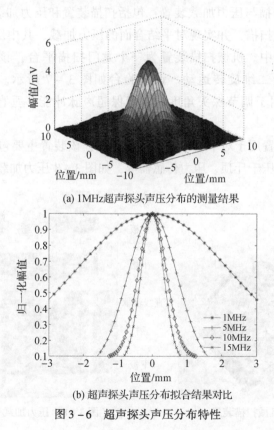

(a) 1MHz超声探头声压分布的测量结果

(b) 超声探头声压分布拟合结果对比

图 3-6　超声探头声压分布特性

3.4 连接结合面接触刚度超声检测实例

为验证所提出的基于串联刚度阻尼模型的接触刚度检测方法对结合面检测的有效性,本节利用该方法检测了平板—平板结合面的接触刚度,将结果与现有的弹簧模型计算结果进行对比,最后利用结合面的微观接触理论对上述结果进行了验证。

3.4.1 结合面接触刚度的超声检测装置

为实现结合面的超声测量,搭建了结合面的超声测量试验台,该试验台可以实现对结合面的自动扫描,同时自动采集相应的超声回波信号,为后续的结合面的超声检测方法研究奠定基础。所设计的试验台主要包括:

(1) 机械扫描与压力加载装置:包括扫描装置和压力加载装置,主要用于对结合面进行扫描,并实现对平结合面的压力加载,其中压力加载装置放置于扫描装置之中。机械扫描装置为一个龙门扫描平台,该平台能够进行三维平移运动及二维旋转运动。该试验台如图3-7所示。两个旋转轴安装在Z轴上,用于调节探头角度,以确保超声脉冲能够垂直入射于被测结合面。

压力加载装置用于对平板结合面加载压力,该装置主要包括上板、下板、中板、立柱、液压千斤顶、压力传感器等,如图3-8压力加载装置所示[183]。

图3-7 机械扫描装置

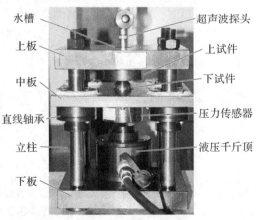

图3-8 压力加载装置

(2) 电气控制装置：主要用于对机械扫描装置的驱动与控制。

(3) 超声信号发射与采集装置：主要用于发射、接收和采集超声信号。

(4) 试验台运动控制与数据采集程序：在检测过程中，通过程序对采集过程进行控制，当探头运动到扫描点时，计算机软件发出采集命令，对超声波信号进行采集。

3.4.2 结合面接触刚度测试试件

为对结合面的超声波反射率进行检测，利用图 3-8 所示的压力加载装置对平板结合面进行加载，并利用扫描装置对平板结合面进行扫描，扫描区域为 $13.02 \times 13.02 \text{mm}^2$，扫描间隔为 0.62mm，试验装置的示意图如图 3-9 所示。在试验中，利用奥林巴斯 15MHz 水浸式超声探头对平板结合面进行检测，利用液压千斤顶通过下试件施加不同的压强。在平板结合面未接触时首先对结合面进行扫描以检测参考信号，结合面接触后，在不同的压强下再分别进行扫描以检测结合面信号。

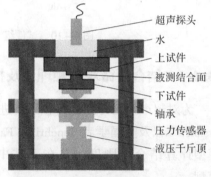

图 3-9 平板结合面超声检测示意图

实验中共检测了三组试件，其中两组试件材料为 45 号钢，一组试件材料为 2A12 铝。选择这两种材料的原因是其在工程实际中应用广泛。三组试件的详细参数，如表 3-1 所列。

表 3-1 试件参数

试件组	材料	硬度	表面粗糙度 $Ra/\mu m$	杨氏模量/GPa	泊松比
1	45 号钢	480HBW	0.49/0.61	200	0.3
2	45 号钢	480HBW	0.86/0.9	200	0.3
3	2A12 铝	112HBW	0.82/0.85	70	0.33

在表 3-1 中，试件的表面粗糙度是利用奥林巴斯 LEXT OLS4000 激光共聚焦显微镜测量。为利用微观接触理论预测接触刚度，还用该显微镜测量了每个接触表面的三维表面形貌，并利用小波滤波器去除了三维表面形貌中的噪声，滤波后的表面形貌如图 3-10 所示。

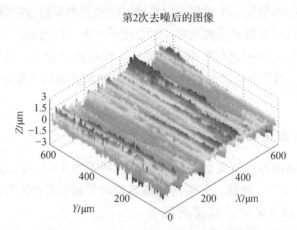

图 3-10　试件组 1 下试件三维表面形貌

3.4.3　结合面微观接触理论及接触刚度预测

为对超声检测得到的接触刚度进行验证，本节利用以色列学者 Kogut 和 Etsion[184]以及美国学者 Sepehri 和 Farhang[185]所提出的经典结合面微观接触模型计算结合面刚度，并在下文中分别将其简称为 KE 模型和 α - CEB 模型。

1. KE 模型

Kogut 和 Etsion[186]利用有限元方法构建了半球形微凸体与光滑刚性平面接触时，在弹性、弹塑性、塑性变形阶段的接触参数计算公式。在此基础上，Kogut 和 Etsion[184]将两个粗糙表面的接触等效为一个粗糙表面和一个光滑刚性面的接触，并利用粗糙表面的统计描述方法，构建了考虑微凸体弹性、弹塑性和塑性变形的粗糙表面接触模型，即 KE 模型。在该模型中，其假设：

（1）粗糙表面是各向同性的；
（2）微凸体顶端为半球形，且具有相同的半径；
（3）微凸体高度服从高斯分布；
（4）不考虑相邻微凸体之间的相互作用；
（5）不考虑体积变形；
（6）不考虑摩擦。

根据 KE 模型及接触刚度的定义式（3-5），结合面的法向接触刚度可以利用下式计算：

$$k_n = D_s \left\{ 2E\beta^{0.5}\sigma^{0.5} \int_{d^*}^{d^*+\delta_{ec}^*} (z^*-d^*)^{0.5}\phi^*(z^*)\mathrm{d}z^* \right.$$

$$+ 1.46775\frac{F_{ec}}{\sigma} \int_{d^*+\delta_{ec}^*}^{d^*+6\delta_{ec}^*} \frac{(z^*-d^*)^{0.425}}{\delta_{ec}^{*1.425}}\phi^*(z^*)\mathrm{d}z^* +$$

$$\left. 1.7682\frac{F_{ec}}{\sigma} \int_{d^*+6\delta_{ec}^*}^{d^*+110\delta_{ec}^*} \frac{(z^*-d^*)^{0.263}}{\delta_{ec}^{*1.263}}\phi^*(z^*)\mathrm{d}z^* + 2\pi\beta H \int_{d^*+110\delta_{ec}^*}^{\infty} \phi^*(z^*)\mathrm{d}z^* \right\}$$

(3-37)

式中 D_s——等效粗糙表面微凸体数量密度；

β——微凸体顶端曲率半径；

E——复合杨氏弹性模量；

H——较软材料的硬度；

σ——微凸体高度分布的标准偏差；

F_{ec}——微凸体临界弹性接触载荷；

z^*——微凸体无量纲高度；

d^*——光滑平面与等效粗糙表面基准面之间的无量纲距离；

$\phi^*(z^*)$——微凸体高度的无量纲高斯分布函数；

δ_{ec}^*——微凸体无量纲临界弹性接触变形。

2. α-CBE 模型

在 Chang 等[187]提出的考虑微凸体弹性和塑性变形的结合面微观分析模型，即 CBE 模型的基础上，Sepehri 和 Farhang[185]提出了一个两粗糙表面接触模型。在该模型中，其提出：

(1) 利用抛物体来拟合微凸体，以考虑上下表面微凸体侧接触；

(2) 每个粗糙表面上的微凸体顶端曲率半径相同；

(3) 每个粗糙表面上的微凸体高度服从高斯分布。

其他假设与上面的 KE 模型相同，特别是其同样忽略了相邻微凸体之间的相互作用。根据该模型，结合面的法向接触刚度可以利用下式计算：

$$k_n = \frac{3}{2}C_N\sigma^3 \left(\int_{d^*}^{d^*+\delta_{ec}^*} \int_0^{\sqrt{2\beta_s^*(z^*-d^*)}} \left(z^*-d^*-\frac{r^{*2}}{2\beta_s^*}\right)^{\frac{1}{2}} \left(1+\frac{r^{*2}}{\beta_s^{*2}}\right)^{-\frac{1}{2}} \phi^*(z^*)r^*\mathrm{d}r^*\mathrm{d}z^* + \right.$$

$$\left. \int_{d^*+\delta_{ec}^*}^{\infty} \int_0^{\sqrt{2\beta_s^*(z^*-d^*)}} 2\sqrt{\delta_{ec}^*}\left(1+\frac{r^{*2}}{\beta_s^{*2}}\right)^{\frac{1}{2}} \phi^*(z^*)r^*\mathrm{d}r^*\mathrm{d}z^* \right)$$

(3-38)

其中：

$$C_N = \frac{8}{3}\pi E D_{s1} D_{s2} \beta^{*0.5} \qquad (3-39)$$

式中 D_{s1}，D_{s2}——上下粗糙表面微凸体数量密度；

β^*——两个粗糙表面微凸体顶端无量纲等效曲率半径；

β_s^*——无量纲化的两个粗糙表面微凸体顶端曲率半径之和；

d^*——无量纲化的两个粗糙表面基准面之间距离；

z^*——发生接触的两个微凸体无量纲高度之和；

r^*——发生接触的两个微凸体中心轴线之间的无量纲距离；

δ_{ec}^*——无量纲化的较小微凸体临界弹性接触变形，其他参数定义与 KE 模型一致。

根据式（3-37）、式（3-38）及试件的三维表面形貌，可以预测结合面的接触刚度，并验证超声结果的准确性。

3.4.4 结合面的超声检测结果与对比

通过上述对平板结合面的超声扫描，可以得到不同压强下平板结合面的超声反射率矩阵。图 3-11 为试件组 3 铝结合面在名义接触压强为 200MPa 时的反射率矩阵。图中红色部分的反射率为 1 左右，因此为无接触区域，在接触区域部分的边缘为应力集中区域，因此反射率较小。接触区域的中心部分压强分布较为均匀，因而反射率变化较为平缓，因此后面的计算利用图中所示中心区域反射率的平均值，通过最小二乘拟合进行计算，该区域的实际压强则根据有限元方法确定。

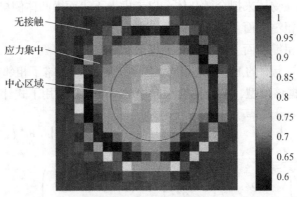

图 3-11 铝平板结合面反射率矩阵（见彩插）

根据弹簧模型、并联弹簧阻尼模型、串联弹簧阻尼模型得到的结合面刚度为名义静刚度,对其需要进一步利用式(3-26)进行修正才能得到接触刚度。由于目前的文献中均将弹簧模型、并联弹簧阻尼模型得到的名义静刚度作为接触刚度,因此本节首先将上述不同超声传播模型得到的名义静刚度进行对比,并将其与微观接触理论预测的接触刚度进行对比,结果如图3-12所示。

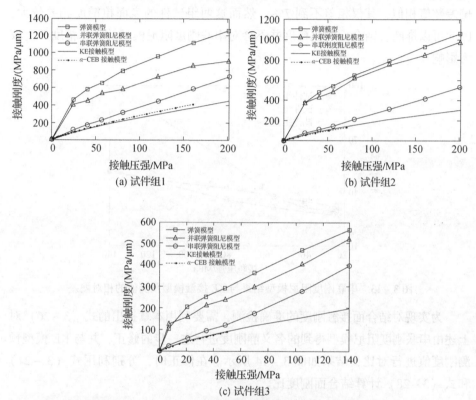

图3-12 超声检测得到的名义静刚度与微观接触理论预测的接触刚度对比

从图中可以看到,利用超声检测得到的名义静刚度均大于KE、α-CEB微观接触模型预测的接触刚度。同时还可以看到,利用串联刚度阻尼模型得到的刚度值与KE、α-CEB模型预测值最为接近,而弹簧模型、并联刚度阻尼模型得到的刚度值均远远高于所提出串联刚度阻尼模型得到的刚度值,特别是弹簧模型的计算结果最大。总的来说上述结果表明,直接利用弹簧模型、并联刚度阻尼模型计算得到的刚度值仅能实现对接触刚度的定性测量。

图3-13所示为根据串联刚度阻尼模型得到的名义静刚度与KE接触模型

预测刚度的相对偏差。从图中可以看出,钢试件的相对偏差较小,约为40%。而对于铝试件,当接触压强小于60MPa时,其与KE模型预测值小于38%,随着压强的增大,相对偏差也随之增大。因此上述结果表明,所提出的串联刚度阻尼模型能够更为准确地描述超声在结合面的传播,特别是当接触压强较小时(小于60MPa)。另外,图3-13还显示,钢试件组1和钢试件组2的相对偏差数值相似,其仅相差不到7%,然而这两组试件的表面粗糙度相差较大,因此可以推断,结合面的粗糙度并不会对串联刚度阻尼模型的计算精度产生较大影响。

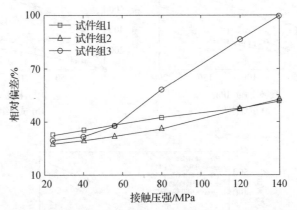

图3-13 串联刚度阻尼模型结果与KE接触模型预测值的相对偏差

为实现对结合面接触刚度的准确检测,需要利用本章提出的式(3-26)对上述由串联刚度阻尼模型得到的名义静刚度进行进一步的修正,并与KE模型预测刚度值进行对比,结果如图3-14所示。在修正时,分别利用式(3-27)和式(3-28)计算结合面刚度比。

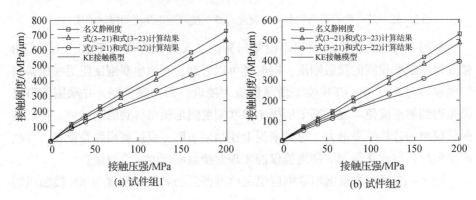

第 3 章 连接结合面接触特性的超声体波检测

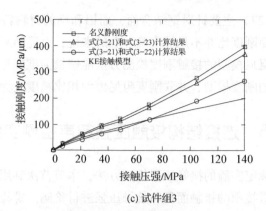

(c) 试件组3

图 3-14 根据串联刚度阻尼模型得到的名义静刚度、
接触刚度与 KE 接触模型预测值对比

图中的对比结果表明，对串联刚度阻尼模型的名义静刚度修正后，与 KE 接触模型预测值吻合更好，特别是利用 Haines[177] 所提出的式（3-27）计算刚度比时。上述结果表明，利用提出的基于串联刚度阻尼模型的接触刚度检测方法能够实现对接触刚度的定量测量。

图 3-15 为利用基于串联刚度阻尼模型的接触刚度检测方法（式（3-19）、式（3-26））得到的刚度值与 KE 模型预测值的相对偏差，其中结合面的刚度比利用式（3-27）计算。从图中可以看出，对于两组钢结合面试件，超声检测结果与 KE 模型结果的偏差非常小，偏差变化也较小，在 60MPa 时偏差仅为 3%，在 140MPa 时偏差也小于 10%。而对于铝结合面试件，其相对偏差随压强的增加而增长较快，特别是在 140MPa 时，相对偏差约为 30%。其主要原因

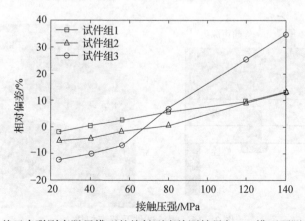

图 3-15 基于串联刚度阻尼模型的接触刚度检测结果与 KE 模型预测值相对偏差

很可能是式（3-27）主要针对钢结合面，而铝和钢的材料特性有所不同，因而计算的铝结合面刚度比并不足够准确。总的来说，上述结果表明，本章提出的基于串联弹簧阻尼模型的接触刚度检测方法能够较为准确地检测结合面的接触刚度，与现有的刚度模型、并联刚度阻尼模型相比精度大为提高。

3.5 连接结构接触压强超声检测实例

为验证基于标定实验的接触压强检测方法，本节首次利用超声方法对螺栓连接界面、铆钉搭接面的接触面积和接触压强进行检测。螺栓、铆钉连接界面的接触面积及压强分布对于连接的微动疲劳裂纹生成、扩展有重要影响。然而由于螺栓、铆钉结构的复杂性及搭接面的闭合性，其接触面积与压强仅利用感压纸测量过[63]，且测量结果并不理想，因此其接触特性还未利用试验方法充分研究。本节提出利用超声方法检测铆钉搭接面的接触压强，以进一步揭示铆钉搭接面的接触特性。

3.5.1 螺栓结合面超声检测试验

1. 螺栓连接试件

采用 8.8 级的 M18 螺栓开展试验，试件及超声扫描如图 3-16 所示。试件的连接钢板均为 45 号钢，硬度为 480HBW，表面磨削处理，表面粗糙度 Ra 为 0.8。试验中上面钢板厚度为 15mm，下部钢板的厚度为 10mm。试验中螺栓的预紧力分别为 25N·m、50N·m、75N·m、100N·m。

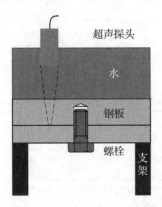

图 3-16 螺栓试件及超声扫描

2. 螺栓结合面的超声检测试验

在超声检测试验中，采用超声 C 扫描装置检测超声回波信号，超声探头为奥林巴斯 15MHz 聚焦超声探头。试验时，首先在下板预紧力为 0 时检测参考信号，以获得无压力情况下的超声回波信号。随后在不同预紧力下进行扫描。扫描范围为 50mm×50mm，扫描间隔为 1mm。

采用图 3-9 所示的试验装置开展标定试验，试件与表 3-1 中试件 2 一致，接触表面的粗糙度 Ra 为 0.8。采用的超声探头为 15MHz 聚焦超声探头。在计算反射率时，采用的信号频率为 13.3MHz。注意，拟合曲线的公式采用式（3-30）。

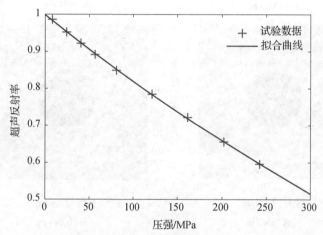

图 3-17　钢—钢结合面接触压强—反射率曲线

3. 螺栓结合面接触压强检测结果与分析

通过对螺栓结合面进行扫描，可以得到结合面的反射率矩阵，结果如图 3-18 所示，注意此时将图 3-16 中所示的螺栓孔处的数据去除。从图中可以看出，反射率较低处为接触区域，且随着预紧力的增加，接触区域面积增加，接触区域的反射率数值也更小。

采用图 3-17 的标定实验结果得到的拟合公式，可以计算结合面的基础压强的数值，结果如图 3-19 所示。从图中可以看出，随着预紧力的增加，接触压强增加，但是结合面的接触压强分布并不均匀。同时可以看出在预紧力为 100N·m 时，最大压强达到了 300MPa。

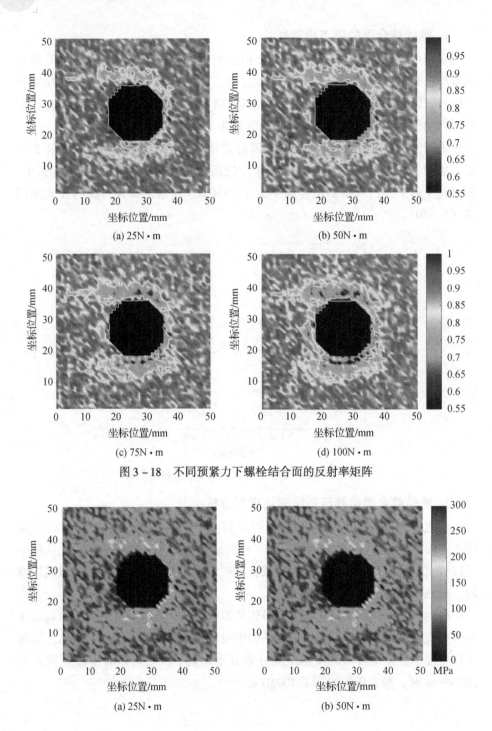

图3-18 不同预紧力下螺栓结合面的反射率矩阵

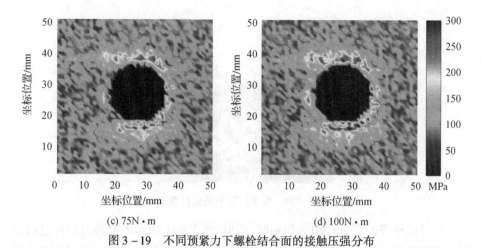

(c) 75N·m　　　　　　　　　　(d) 100N·m

图 3-19　不同预紧力下螺栓结合面的接触压强分布

3.5.2　铆钉结合面超声检测试验

本节进一步以铆钉连接界面的接触特性检测为例说明接触特性的超声扫描[188]。

1. 铆钉连接试件

在超声检测试验中，采用沉头铆钉，型号为 NAS 1097 6-9，其材料为 Al 2117 T4，铆钉杆与铆钉头直径分别为 4.763mm、7.35mm，铆钉长度为 14.288mm。采用的两块铝合金板厚度均为 4mm，材料为 Al 2024 T3，铝合金板上的铆钉孔直径为 4.9mm，与铆钉直径相比大了 0.137mm，该间隙配合为铆接提供了一个初始间隙。试验中采用三组相同的试件，其铆接力分别为 25000N、30000N、35000N。

2. 铆钉结合面的超声检测试验

在超声检测试验中，采用图 3-7 所示试验装置检测超声回波信号，超声探头为奥林巴斯 5MHz 聚焦超声探头，其水中焦距为 25.4mm，当频率为 5MHz 时焦点直径（-6dB）为 1.2mm。实验时，首先检测参考信号，以获得搭接面处无压力情况下的超声回波信号。为此，在多余的铆钉上加工出螺纹，然后利用带螺纹的铆钉和螺帽将每对铝板连接到一起，两块铝板的相对位置要与后续铆接时一致，如图 3-20 所示。在上紧螺帽时要用尽量小的力矩，以保证两个搭接面之间的压力约为 0，然后利用玻璃胶对试件上的缝隙进行密封，防止水进入结合面。

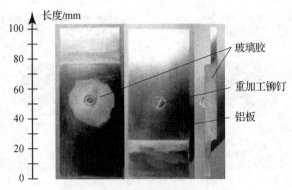

图 3-20　参考扫描前的试件准备

在对试件搭接面进行超声扫描时,利用图 3-21 所示的夹具对试件进行固定,以保证铆接前后对搭接面两次扫描的位置相同。在扫描时,对超声探头的高度及角度进行调整,以保证探头焦点在搭接面上,然后对以铆钉为中心的 15×15mm 区域进行扫描,扫描间隔为 0.25mm。

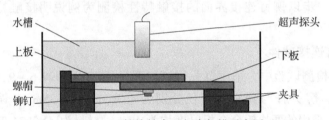

图 3-21　铆接结合面超声扫描示意图

在参考扫描之后,去除带螺纹的铆钉和螺帽,利用力学试验机分别以 25000N、30000N、35000N 的铆接力对每组试件进行铆接,如图 3-22 所示。

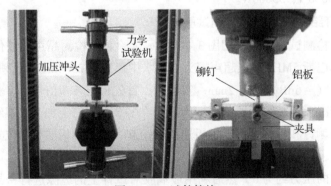

图 3-22　试件铆接

最后利用玻璃胶对铆接试件进行密封,并重新放入水槽中,放置在与参考扫描相同的位置,重新利用超声探头对每组试件搭接面进行扫描。将铆接前后测量得到的超声信号进行傅里叶变换,利用4.88MHz频率处幅值计算超声反射率。

3. 接触压强—反射率曲线

利用标定试验方法,构建接触压强—反射率曲线,在该试验中测量了8mm的平冲头与平板接触,试件材料、表面形貌与铆接的铝板相同。采用的试验装置与图3-9一致,同时采用5MHz探头进行扫描,计算反射率时同样采用4.88MHz超声信号幅值计算,构建的接触压强—反射率曲线如图3-23所示。

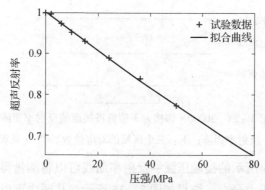

图3-23 铝—铝结合面接触压强—反射率曲线

4. 铆钉结合面接触压强检测结果与分析

从上面的超声检测试验中可以得到铆钉搭接面的反射率矩阵,图3-24所示为铆接力为30000N时搭接面的反射率矩阵。从图中可以看出,矩阵可以划分为三个区域:外部区域的反射率约为1,此为未接触区域;环形区域内的反射率在0和1之间,此为接触区域;中心区域是被铆钉头遮挡的区域,由于铆钉头直径比铆钉孔大,因此该区域内的搭接面反射率无法被测量。图中的环形区域直接反映了搭接面上的名义接触面积,可以看出随着与中心距离的增加,该区域的反射率逐步增加。还可以看出,接触区域的形状并不是理想的轴对称,其原因之一是两个铝合金板的接触表面较为粗糙,另外也可能是两块铝板并未完全重合。与图3-18相比,铆钉结合面结果的变化更为平滑,其主要原因是扫描区域小,且采用的超声扫描装置运动精度更高,扫描间隔更小。

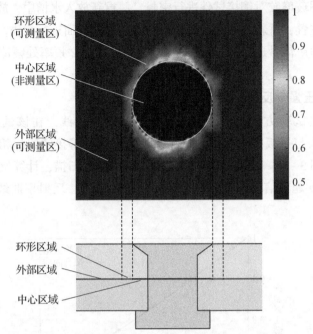

图 3-24 30000N 铆接力下铆钉搭接面的反射率矩阵
（上：反射率矩阵；下：三个区域的对应位置）[188]（见彩插）

利用图 3-23 所示的接触压强—反射率曲线可以将测量得到的反射率矩阵直接转化为接触压力分布，结果如图 3-25 所示。从图中可以看出，搭接面的接触面积和接触压力均随着铆接力的增加而增加，然而接触面积随铆接力的变化较小，而接触压强随铆接力大幅增加。从图中还可以看出，接触压强随着与中心距离的增加而迅速减小。另外在每组试件中，均有应力较为集中的区域，这很可能是由于粗糙的接触面导致的。

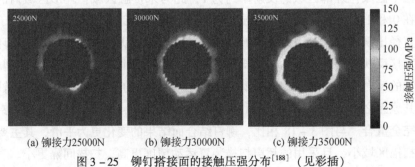

(a) 铆接力25000N　　(b) 铆接力30000N　　(c) 铆接力35000N

图 3-25 铆钉搭接面的接触压强分布[188]（见彩插）

采用Abaqus软件建立了上述铝板试件铆接的有限元模型，在Abaqus/Explicit软件中构建了一个二维轴对称有限元模型在搭接面处采用运动接触（Kinematic Contact），在铆钉连接的其他结合面处采用罚函数接触（Penalty Contact）。结合面处采用库仑摩擦模型。考虑到接触压强分布的非对称性，为与有限元计算结果进行对比，将图3-25所示结果沿圆周方向对接触压强进行平均，得到了沿铆钉半径方向的平均接触压强分布曲线，结果如图3-26所示，图中的横坐标为到铆钉孔中心的距离。从图中可以看出，超声检测结果与有限元分析结果基本一致，两种方法得到的不同铆接力下接触面积与接触压强分布是相似的。可以确认铆接力对接触压强数值有很大的影响。

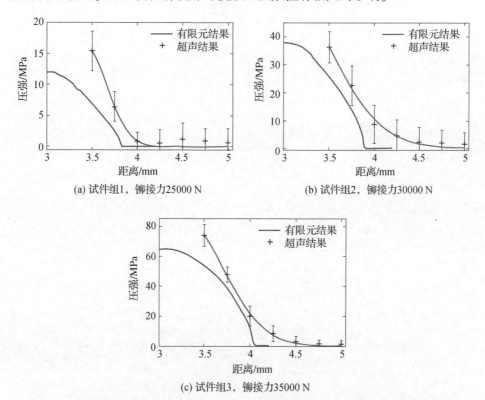

图3-26 铆钉搭接面超声检测结果与有限元计算结果的对比（误差棒为±标准偏差）

另外，有限元结果与超声结果也有不同之处。从图3-26中可以看出，超声检测结果一直大于有限元结果，随着距离的减小，两种方法的偏差值逐渐加大。同时，随着铆接力的增加，两种方法的偏差值也有所增加。造成上述偏差的主要原因很可能是上板的外表面在铆接时受到加压冲头的挤压，因此其表面粗糙度在铆接后有所增加。外表面增加的表面粗糙度导致在铆接后的超声扫描时，更多超声波被散射，因而检测得到的搭接面超声波反射率也随之下降，这也导致了得到的接触压强偏大。从图3-26中还可以看出，与有限元结果相比，超声结果变化更为平缓，特别是在压强接近0时，这是由于超声探头焦点带来的模糊效应。总的来说，上述对比结果表明超声方法是一个评估铆钉搭接面接触压强分布的有效工具。

螺栓预紧力的
超声体波检测

第 4 章

螺栓预紧力的超声体波检测

当螺栓预紧时，其长度会变长，同时施加预紧力后螺栓中的声速会发生变化，因而在螺栓预紧前后，超声纵波或横波在螺栓中传播的声时会发生变化，因此采用超声纵波或横波可以实现较大螺栓的预紧力直接检测，由于螺栓直径过小会导致超声波传播时与螺栓的圆柱面发生反射或折射，因而该方法适用于较大的螺栓（如 M8 以上的螺栓）。本章简要介绍超声体波检测螺栓预紧力的基本原理和实验方法。

4.1 螺栓预紧力超声体波检测的理论基础

当螺栓受到预紧力时，螺栓在预紧力的作用下会发生弹性变形，表现为轴向的伸长。同时，由于声弹性原理，超声波在材料内的传播速度与材料受到的应力成反比，所以在不同预紧力下，超声波在螺栓内部的传播时间会发生变化，基于以上原理测量超声波传播的时间即可实现螺栓预紧力的检测。

对于线弹性理论，本节不再赘述，着重介绍声弹性理论。声弹性是超声检测螺栓预紧力的基础，在利用超声波测量应力时，超声波的传播速度通常与外加应力呈线性变化。1937 年，Murnaghan[189]针对弹性体的有限变形，提出了二阶弹性理论，对于各向同性材料，除了二阶弹性常数 λ 和拉梅常数（Lame constant） μ 之外，另外引入了三个三阶弹性常数 l、m 和 n 来描述材料。1953 年，Hughes 和 Kelly[81]利用 Murnaghan[189]的有限变形理论推导了应力固体中弹性波的速度表达式。Hughes 和 Kelly[81]给出了在七种情况下根据这五个常数推导的弹性波速的表达式，其中两种是静水压力，五种是单轴应力。

在单轴应力下，沿应力方向传播的纵波声速与应力的关系式为[81,190]

$$\rho_0 V_{L_\sigma}^2 = \lambda + 2\mu + \frac{(\lambda+\mu)\dfrac{4\lambda+10\mu+4m}{\mu}+\lambda+2l}{3\lambda+2\mu}\sigma \qquad (4-1)$$

式中 V_{L_σ}——应力下的纵波声速；

V_{L_0}——无应力下的纵波声速；

ρ_0——材料的密度；

σ——应力。

在单轴应力下，沿应力方向传播的横波声速与应力的关系式为

$$\rho_0 V_{T_\sigma}^2 = \mu + \frac{\dfrac{\lambda n}{4\mu}+4\lambda+4\mu+m}{3\lambda+2\mu}\sigma \qquad (4-2)$$

首先以纵波为例，推导波速与应力关系。对于无应力螺栓，纵波声速为

$$V_{L_0} = \sqrt{\frac{\lambda+2\mu}{\rho_0}} \qquad (4-3)$$

将式（4-3）代入式（4-1）式得

$$V_{L_\sigma}^2 = V_{L_0}^2 \left[1 + \frac{(\lambda+\mu)\dfrac{4\lambda+10\mu+4m}{\mu}+\lambda+2l}{(\lambda+2\mu)(3\lambda+2\mu)}\sigma\right] \qquad (4-4)$$

令：

$$T_L = \frac{(\lambda+\mu)\dfrac{4\lambda+10\mu+4m}{\mu}+\lambda+2l}{(\lambda+2\mu)(3\lambda+2\mu)} \qquad (4-5)$$

T_L 为声弹系数，则式（4-4）可以写为

$$V_{L_\sigma}^2 = V_{L_0}^2 [1 + T_L \sigma] \qquad (4-6)$$

开根号后为

$$V_{L_\sigma} = V_{L_0} \sqrt{1 + T_L \sigma} \qquad (4-7)$$

以 σ 为自变量，将式（4-7）进行泰勒展开，并忽略高阶余项后：

$$V_{L_\sigma} = V_{L_0}\left(1 + \frac{1}{2}T_L \sigma\right) \qquad (4-8)$$

与纵波类似，横波的波速如下所示：

$$V_{T_0} = \sqrt{\frac{\mu}{\rho_0}} \qquad (4-9)$$

式（4-2）可改写为

$$V_{T_\sigma}^2 = V_{T_0}^2 \left[1 + \frac{\frac{\lambda n}{4\mu} + 4\lambda + 4\mu + m}{\mu(3\lambda + 2\mu)} \sigma \right] \quad (4-10)$$

令：

$$T_T = \frac{\frac{\lambda n}{4\mu} + 4\lambda + 4\mu + m}{\mu(3\lambda + 2\mu)} \quad (4-11)$$

式（4-10）可改写

$$V_{T_\sigma} = V_{T_0}\sqrt{1 + T_T \sigma} \quad (4-12)$$

将式（4-12）进行泰勒展开，忽略高阶余项，于是式（4-12）可以写为

$$V_{T_\sigma} = V_{T_0}\left(1 + \frac{1}{2}T_T \sigma\right) \quad (4-13)$$

从式（4-8）和式（4-13）可以看出，纵波和横波的声速与应力成正比，而其中声弹系数 T_L 和 T_T 通常为负值，表明声速会随着应力的增加而减小。

4.2 螺栓预紧力的超声体波检测方法

根据声弹性原理，超声纵波和横波波速均随预紧力的变化而变化，因此采用纵波和横波均可进行预紧力的检测，但是与纵波相比，横波的声弹系数绝对值较小，因而纵波更为灵敏。由于超声波速是一个不能直接测量的量，因此通常需要测量声时并根据标定试验结果计算预紧力。在实际检测中的检测方法可以分为单波法和双波法。本节分别对这两种方法进行介绍。

4.2.1 单波法

使用纵向超声波的方法可以进行相对准确的现场测量，因此单波法通常使用超声纵波，其原因是纵波的声弹系数的绝对值更大，因此更灵敏。

一般情况下，螺栓受力不均匀，在螺栓末端区域（螺栓延伸超过螺母的那部分），要么没有应力，要么受到比螺栓柄更低的轴向应力水平。在短螺栓的情况下，这些区域可能占总长度的很大一部分，必须加以考虑。同样的，在螺栓头部，也存在无应力或者低应力区域。这两个区域可以被理想化为由两个无区域组成。螺栓的中间部分，则为受力区域。如图 4-1 所示，这三个区域的长度分别为 L_t、L_b、L_m。因此螺栓在拧紧前超声波的传播距离为 $2L_0$、L_0 的

表达式为

$$L_0 = L_t + L_m + L_b \tag{4-14}$$

式中　L_t——螺栓末端未受力部分的长度；

L_m——螺栓受力段的长度，也被称为有效长度（effective length）；

L_b——螺栓头部未受力段的长度。

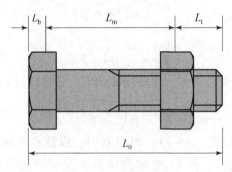

图 4-1　螺栓尺寸

根据美国 ASTM 标准[191]，L_m 可采用螺栓头和螺母之间的长度加上螺栓头厚度的一半加上螺母厚度的一半，如图 4-1 所示。需要注意的是，预紧力作用在螺栓上后会影响受力段的长度和声速。

在施加预紧力前后，超声波在螺栓中传播会产生声时差，主要原因是有效长度 L_m 段受力后会伸长，同时该段声速会发生变化，而其他部分的声时则不变。此时声时变化可仅考虑有效长度，用下式计算：

$$\Delta t = t_{L_\sigma} - t_{L_0} = 2\left(\frac{L_{m_\sigma}}{V_{L_\sigma}} - \frac{L_m}{V_{L_0}}\right) \tag{4-15}$$

式中　t_{L_0}，t_{L_σ}——拧紧前后超声纵波在螺栓中的传播时间；

L_{m_σ}——螺栓受力段变形后的长度；

L_m——螺栓受力段变形前的长度，其表达式为

$$L_{m_\sigma} = L_m\left(1 + \frac{\sigma}{E}\right) \tag{4-16}$$

式中　E——螺栓材料的弹性模量。

将式（4-8）和式（4-16）代入式（4-15）可得

$$\Delta t = 2\left[\frac{L_m\left(1+\dfrac{\sigma}{E}\right)}{V_{L_0}\left(1+\dfrac{1}{2}T_L\sigma\right)} - \frac{L_m}{V_{L_0}}\right] = 2\frac{L_m}{V_{L_0}}\left[\frac{\dfrac{1}{E} - \dfrac{1}{2}T_L}{1+\dfrac{1}{2}T_L\sigma}\right]\sigma \tag{4-17}$$

以 σ 为自变量,将式(4-17)进行泰勒展开,并忽略高阶余项,可得

$$\Delta t = 2\frac{L_m}{V_{L_0}}\left(E^{-1} - \frac{1}{2}T_L\right)\sigma \qquad (4-18)$$

所以应力与声时差的关系为

$$\sigma = \frac{V_{L_0}}{2L_m\left(E^{-1} - \frac{1}{2}T_L\right)}(t_{L_\sigma} - t_{L_0}) \qquad (4-19)$$

定义相对声时差为

$$\Delta t_r = \frac{t_{L_\sigma} - t_{L_0}}{t_{L_0}} \qquad (4-20)$$

螺栓预紧力 F 可以表示为

$$F = S\sigma \qquad (4-21)$$

式中 S——螺栓截面积。

将式(4-19)和式(4-20)代入式(4-21),可以得到螺栓预紧力与相对声时差之间的关系:

$$F = \frac{S}{\left(E^{-1} - \frac{1}{2}T_L\right)}\frac{V_{L_0}t_{L_0}}{2L_m}\Delta t_r = \frac{K_L}{\beta}\Delta t_r \qquad (4-22)$$

式中

$$K_L = \frac{S}{E^{-1} - \frac{1}{2}T_L} \qquad (4-23)$$

$$\beta = \frac{L_m}{L_0} \qquad (4-24)$$

在采用单波法测量时,需要首先进行标定试验,在标定试验中,根据图 4-1 所示得到 L_m 的数值计算 β,并对 K_L 进行标定,进而可以测量螺栓的预紧力。需要注意的是,在实际应用中,同批次同规格的螺栓可能会存在长度偏差,因此为提高检测精度,在进行紧固控制之前,该方法需要对类似的未紧固螺栓进行校准测试,以获得 t_{L_0}。

4.2.2 双波法

同时使用超声纵波和横波也可以测量螺栓预紧力,该技术使用沿螺栓轴线传播的横波和纵波的声时测量以及材料参数来计算作用在螺栓上的预紧力,其

显著优点是不需要对施加预紧力前的原始长度进行独立测量[84]。其原理是横波速度随应力的变化不同于纵波速度随应力的变化,两次行程时间的测量足以消除螺栓的长度和评估应力。

对于超声纵波而言,根据式(4-18)可得

$$t_{L_\sigma} = 2\frac{L_m}{V_{L_0}}\left(E^{-1} - \frac{1}{2}T_L\right)\sigma + t_{L_0} \qquad (4-25)$$

类似的,采用超声横波时,加载预紧力后声时可用下式表示:

$$t_{T_\sigma} = 2\frac{L_m}{V_{T_0}}\left(E^{-1} - \frac{1}{2}T_T\right)\sigma + t_{T_0} \qquad (4-26)$$

将式(4-21)、式(4-23)、式(4-24)代入式(4-25)后,其可以表示为

$$t_{L_\sigma} = t_{L_0}\left(\frac{\beta F}{K_L} + 1\right) \qquad (4-27)$$

类似的,对于超声横波,式(4-26)可以表示为

$$t_{T_\sigma} = t_{T_0}\left(\frac{\beta F}{K_T} + 1\right) \qquad (4-28)$$

因此拧紧后,横波和纵波声时的比值为

$$\frac{t_{T_\sigma}}{t_{L_\sigma}} = \frac{t_{T_0}\left(\frac{\beta F}{K_T} + 1\right)}{t_{L_0}\left(\frac{\beta F}{K_L} + 1\right)} \qquad (4-29)$$

预紧力可用下式计算:

$$F = \frac{1}{\beta}\left(\frac{t_{T_\sigma}/t_{L_\sigma} - V_{L_0}/V_{T_0}}{V_{L_0}/(K_T V_{T_0}) - t_{T_\sigma}/(K_L t_{L_\sigma})}\right) \qquad (4-30)$$

为了使用式(4-30)对特定螺栓的预紧力进行检测,必须知道材料的纵波和横波波速 V_{L_0} 和 V_{T_0},波速可以通过对螺栓杆段的机加工和地面样品的飞行时间的测量获得。通过标定试验对参数 K_T、K_L 采用单波法进行标定。从上式中可以看出,此时可以不测量螺栓松动状态下的声时,克服了单波法必须测量松动状态下声时的缺点。

也有学者如日本丰田公司 Yasui 等[86]提出可以对式(4-29)进行泰勒展开,此时可简化为

$$\frac{t_{T_\sigma}}{t_{L_\sigma}} = \frac{V_{L_0}}{V_{T_0}} \left(\frac{\beta F}{2S}(T_L - T_T) + 1 \right) \qquad (4-31)$$

故预紧力可用下式计算：

$$F = \frac{2S}{\beta} \frac{t_{T_\sigma}/t_{L_\sigma} \cdot V_{T_0}/V_{L_0}}{T_L - T_T} \qquad (4-32)$$

在实际应用中螺栓的预紧应力通常会接近屈服应力，达到屈服应力前后，不同 β 标定的参数会有所不同，而对于相同的 β 值，由式（4-30）和式（4-22）得到的预紧力值应该相同。因此在实际测量中可采用图 4-2 所示的流程进行调整，并获得更为精确的预紧力值。

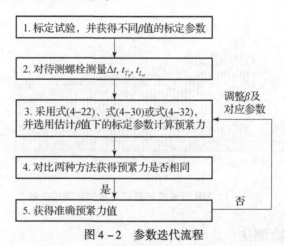

图 4-2 参数迭代流程

4.3 超声波声时测量方法

在检测预紧力时，准确测量超声波的声时非常重要，然而由于超声信号在测量时会存在噪声，同时由于采样率的限制，难以获得准确的声时信息。

4.3.1 超声回波信号滤波方法

为了进一步提高超声测量声速的精度，需要对超声信号进行滤波，由于采集的超声信号通常为数字信号，因此可以采用数字滤波器。数字滤波器分为无限冲击响应滤波器（IIR）和有限冲击响应滤波器（FIR），其中 IIR 是利用模拟滤波器的设计方法设计，可以用较低的阶数获得较好的性能，所用的存储单元少，计算量小，但是其缺点是存在非线性相位特性。FIR 在保证幅度特性满足的同时,可以很容易做到严格的线性相位特性。

对于超声信号,可以采用 FIR 进行带通滤波,滤除高频和低频噪声,该滤波器可以保证信号的线性相位。图 4-3 为采用最小二乘法设计的 FIR 带通滤波幅频和相频响应曲线,该滤波器的阶数为 200,其通带频率为 0.2~1MHz。

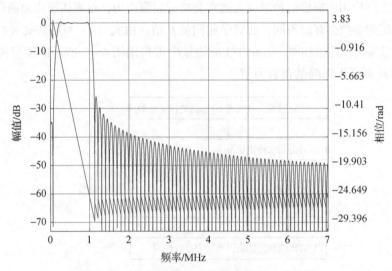

图 4-3　FIR 带通滤波器幅频和相频响应曲线

4.3.2　过零检测法

过零检测是测量声时的常用方法。该方法计算信号过零点出现的位置,两个信号零点位置之差即为声时。但是由于采集到的离散数字信号不可能恰好采样到信号的过零点,因此必须在零点附近对信号进行插值。若仅采用零点附近的两个点进行线性插值,则会有较大的误差,因此为准确计算声时,可采用零点前后的四个点进行插值,插值方法可以采用拉格朗日插值[192],或者采用三次样条曲线插值,以此更为准确地确定过零点,如图 4-4 所示,相比于线性插值,该方法的误差更小。

经过以上处理,插值函数在自变量为 0 时所对应的函数值,即为过零点出现的时间。选择插值点时,可以选取每个回波中最高峰前大于 0 和小于 0 各两个点作为插值点。对两个回波信号作相同处理即可得到两个回波的过零点值,对两个过零点作差即可得到声时差。

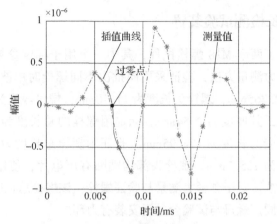

图 4-4 过零点的确定

4.3.3 互相关法

互相关法广泛应用于信号的时延估计。互相关法计算声时是基于两组波形的相关运算结果的最大值位置得到的,利用的是整个波形的特征,且互相关计算能抑制噪声的影响,所以具有较好的稳定性。离散信号的互相关计算公式为

$$R_{S_1 S_2}(\tau) = \sum_{k=-\infty}^{\infty} S_1(k) S_2(k-\tau) \tag{4-33}$$

式中 S_1——一个超声波脉冲信号;

S_2——另一个超声波脉冲信号;

τ——时延,互相关系数 $R_{S_1 S_2}(\tau)$ 取得最大值时,所对应的 τ 即为声时差。

超声信号是在离散的时间间隔内进行采样,所以互相关系数只能通过离散的时间延迟计算,而且数采设备在分辨率上的限制同样有可能影响互相关法的准确性,所以需要对原始信号进行插值,以提高声速计算的精度。为准确计算声时,可以采用三次样条等插值方法对原始的声波信号进行插值,经处理后的信号采样率是原始信号的 2~4 倍,然后再求互相关,可以有效地提高精度。

4.4 超声体波检测实例

本节对单波法进行试验验证。试验中采用两个 8.8 级的 M18 螺栓,其中一个螺栓用于标定,一个用于验证检测精度。

4.4.1 螺栓及检测试验装置

试验中采用了两个 M18 螺栓试件,其中一个用于标定参数,另外一个螺栓用于验证预紧力测量方法,验证采用同批次不同螺栓时单波法的测量精度。螺栓直径均为 17.765mm,螺栓头长度为 11.70mm,螺母厚度为 15.11mm,螺栓头下方有垫片,其厚度为 2.54mm。标定用螺栓的总长度为 199.30mm。试验时螺栓的等效受力长度为 174.95mm。验证用螺栓总长度为 180.37mm,螺栓受力段的长度为 155.7mm。螺栓头部均粘贴有压电片,使用超声脉冲发射接收仪激励超声波。对于预紧力测量与验证螺栓,该螺栓总长度与受力段长度均与标定螺栓不同。螺母与试验台之间安装有力环。

为对超声结果进行标定或验证,采用应变片及环形力传感器(力环)同时测量预紧力。由于螺栓在拧紧时尺寸偏差等原因,会同时产生较小的弯曲变形,并承受弯矩,因此在螺栓受力段中心位置的对称部位粘贴两枚应变片,在计算时取其均值,以克服螺栓承受弯矩的影响。螺栓检测试验装置由多枚不同厚度的钢垫块堆叠组成,通过螺栓固定在试验台上,待测螺栓穿过预留的螺栓孔贯穿试验装置,如图 4-5 所示。螺母与试验装置间装有力环,用于测量螺栓的预紧力,力环厚度为 18.9mm。

图 4-5 螺栓检测试验装置

将试验装置与试件装配完成后,连接仪器,记录螺栓完全松动时应变片的应变和力环的输出电压,并保存回波波形。使用扭矩扳手施加扭矩,最大扭矩为 180N·m,间隔 30N·m,加载完毕后记录相关试验数据,保存回波波形。

4.4.2 螺栓及检测结果

1. 标定试验

在螺栓检测时,超声波回波波形如图 4-6 所示,红色区域为激励脉冲的一次和二次回波,记录两者的声时差即为声波在螺栓中传播一个来回所需的时间。本节采用过零检测来检测两个脉冲间的声时。当螺栓预紧力为 0N 时,声时差为 67.6μs。

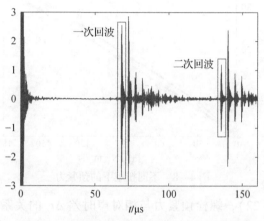

图 4-6 螺栓中的超声回波信号(见彩插)

经过计算得到扭矩与声时的变化曲线如图 4-7 所示。由图可知声时差随着扭矩的增大而增大,且两者存在明显的线性关系。

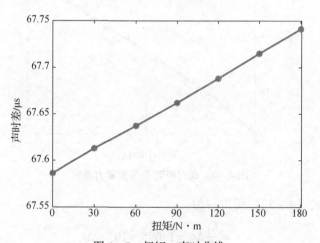

图 4-7 扭矩—声时曲线

使用力环和应变片分别得到了螺栓的预紧力,如图4-8所示。在用应变片计算预紧力时,取两个应变片的均值,弹性模量选用210GPa。由图可知螺栓的预紧力随扭矩的增加而线性增加,且两种传感器得到的数据相差较小,存在偏差的原因是应该是选用的弹性模量存在偏差。在后续的研究中,以力环得到的数据为准。

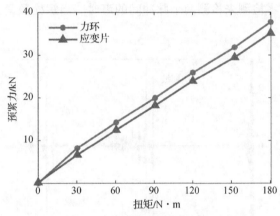

图4-8　不同扭矩下的预紧力

依据式(4-22),螺栓预紧力与相对声时差 Δt_r 的关系如图4-9所示,其中虚线为数据拟合所得到的曲线。

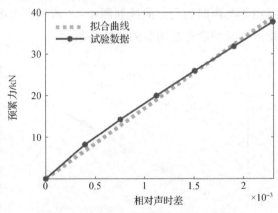

图4-9　相对声时差—预紧力曲线

此时,式(4-22)可以写为

$$F = \frac{K_L}{\beta}\Delta t_r = 1.695 \times 10^4 \cdot \Delta t_r \tag{4-34}$$

其中：

$$K_L = \frac{S}{\left(E^{-1} - \frac{1}{2}T_L\right)} = 1.488 \times 10^4 \qquad (4-35)$$

2. 预紧力的超声检测结果

根据标定实验标定得到的参数 K_L 以及被测螺栓的有效长度和总长度，可以检测 M18 螺栓的预紧力。对该螺栓将分施加扭矩至 0N·m、70N·m、100N·m、130N·m，读取力环读数并保存超声回波。计算不能扭矩下的声时差，并将数据带入标定式（4-34）中，到螺栓预紧力的测量值。将力环数值与超声波测量数据进行对比，结果如图 4-10 所示，测量误差如表 4-1 所列。

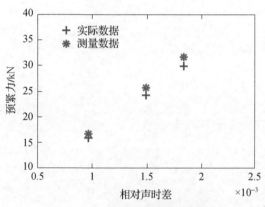

图 4-10 螺栓预紧力测量结果

表 4-1 螺栓预紧力测量误差

扭矩/N·m	实际值/N·m	测量值/N·m	相对误差/%
70	15.98	16.61	3.97
100	25.38	25.66	5.23
130	29.98	31.65	5.54

可以看出，最大相对误差为 5.54%，可以满足预紧力的检测需求。出现误差的主要原因，可能是两个螺栓头部粘贴的压电片胶层厚度有差异，造成误差，同时夹持长度也发生了变化，而实例中未对不同夹持长度下的 K_L 等参数进行分别标定。

螺栓预紧力的
超声导波监测

第 5 章

螺栓预紧力的超声导波监测

基于超声导波的健康监测技术在过去的二十年中得到了深入的发展[193]。近年来,由于导波较大的检测范围和较高的灵敏度,基于导波的螺栓预紧力监测方法吸引了越来越多学者的关注[194],被认为具有极大的工程应用潜力。本章介绍了螺栓连接预紧力的导波监测方法及相关理论、技术,目的是梳理该技术的发展现状和重要突破,为推动该领域的技术发展和工程应用提供一定参考。

5.1 超声导波理论基础

导波在自由边界的平板中传播时也被称为兰姆波(Lamb Wave)。根据平板上下表面的运动模式,兰姆波可以分为对称模式 S 和非对称模式 A 两种,在每种模式中又包含 S_0, S_1, …和 A_0, A_1, …无数阶模式的兰姆波。可以将波在平板中传播看做是平面应变问题,此时激励波可以看做是直波峰。采用基于亥姆霍兹分解的位移势方法,并结合平板上下边处的边界条件,可以对波动方程进行求解。在对称模式下,导波的位移表达式如下[195]:

$$u_x^S(x,y,t) = -iC^S q[2k^2 \cdot \cos(qd)\cos(py) - (k^2-q^2)\cos(pd)\cos(qy)]e^{i(kx-\omega t)} \quad (5-1)$$

$$u_y^S(x,y,t) = C^S k[2pq \cdot \cos(qd)\sin(py) + (k^2-q^2)\cos(pd)\sin(qy)]e^{i(kx-\omega t)} \quad (5-2)$$

在反对称模式下,导波的位移表达式如下:

$$u_x^A(x,y,t) = iC^A q[2k^2 \cdot \sin(qd)\sin(py) - (k^2-q^2)\sin(pd)\sin(qy)]e^{i(kx-\omega t)} \quad (5-3)$$

$$u_y^A(x,y,t) = C^A k[2pq \cdot \sin(qd)\cos(py) + (k^2-q^2)\sin(pd)\cos(qy)]e^{i(kx-\omega t)} \quad (5-4)$$

式中　u——位移；

上标 S——对称模态；

A——反对称模态；

x——板长度方向，也是波传播方向；

y——板厚方向；

t——时间；

k——波数；

$2d$——板的厚度；

C——幅值。

p、q 可分别表示为

$$p^2 = \frac{\omega^2}{V_L^2} - k^2 \qquad (5-5)$$

$$q^2 = \frac{\omega^2}{V_T^2} - k^2 \qquad (5-6)$$

式中　V_L——纵波波速；

V_T——横波波速。

可以看出，当 u_x 中包含余弦项时，x 方向的位移是关于板的中面对称的，如果 u_x 中包含正弦项，则 x 方向的位移是关于板的中面反对称的。而 y 方向的位移情况与之相反，因此我们把板中的传播模态分为对称模态和反对称模态[91]。同时，u_x 代表 x 方向的行波，而 u_y 代表 y 方向的驻波。

我们可以得到各项同性材料中对称模式兰姆波的频散方程，如下式所示：

$$\frac{\tan(qd)}{\tan(pd)} = -\frac{4k^2pq}{(k^2-q^2)^2} \qquad (5-7)$$

同样地，我们可以得到反对称模式兰姆波的频散方程

$$\frac{\tan(qd)}{\tan(pd)} = -\frac{(q^2-k^2)^2}{4k^2pq} \qquad (5-8)$$

对频散方程进行数值求解，可以得到频散曲线，可以确定特定频厚积下的波的相速度。相速度（Phase velocity）是指波的相位在空间中传递的速度，即波的任一频率成分所具有的相位均以此速度传递。可进一步根据下式计算得到群速度：

$$c_p = \frac{\mathrm{d}\omega}{\mathrm{d}k} \qquad (5-9)$$

群速度（Group velocity）是导波波包的传播速度，波包的能量也以群速度传播。当没有频散现象时，群速度与相速度相同。对于超声体波，没有频散现象，其群速度与相速度相同。以2024铝板为例，图5-1为兰姆波的相速度和群速度频散曲线。

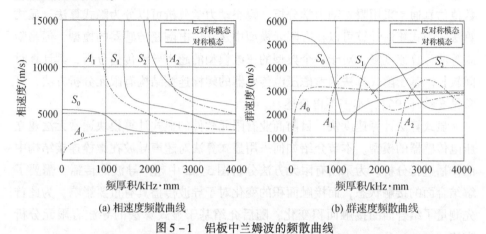

(a) 相速度频散曲线　　　　　　　　(b) 群速度频散曲线

图 5-1　铝板中兰姆波的频散曲线

5.2　螺栓接触面积对超声导波传播影响机理分析

典型的螺栓搭接结构如图 5-2 所示，两个薄壁件通过螺栓搭接在一起，导波波通过螺栓搭接部位由一侧向另一侧梁传播。在接触界面处，导波将发生复杂的反射、透射以及模态转换。了解导波与连接界面之间的相互作用有助于导波监测系统的设计和优化。为此，本节介绍有限元方法和半解析两种方法，分析复杂结构中导波传播规律。

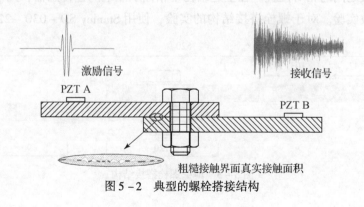

图 5-2　典型的螺栓搭接结构

5.2.1 螺栓连接中超声导波传播的有限元分析

有限元方法能够准确模拟导波的传播过程。为此本节通过有限元仿真方法研究弹性波在连接结构中的传播行为，并介绍有限元建模的方法。超声导波的数值仿真通常采用瞬态动力学分析，瞬态动力学分析可以分为隐式算法、显式算法。隐式算法计算可以在有限元模型中建立压电陶瓷传感器的模型，但是隐式算法计算速度慢，对于一个典型的三维模型的超声导波传播分析，其计算时间较长。基于隐式算法的考虑压电传感器的螺栓连接结构有限元分析方法，可参见文献[196]，本书不再赘述。

显式算法计算速度快，目前商业有限元软件的显式计算模块通常无法建立压电传感器的模型。本节介绍如何采用显式算法对超声导波在螺栓连接结构中的传播进行分析。为采用有限元方法分析图5-2中超声导波的传播，需要了解结合面的接触状态，而接触面积的变化对于导波传播具有重要影响，为此首先测量了结合面的接触面积变化，随后介绍基于显式算法的导波有限元分析方法。

1. 薄壁螺栓连接结构接触面积测量

针对如图5-2所示的薄壁螺栓搭接结构，由于螺栓头和螺母的遮挡，难以采用第3章的超声方法测量结合面接触状态，为此本节采用富士感压纸测量不同预紧力下的接触面积和接触直径[197]。

采用的螺栓搭接结构试验件如图5-3所示，两块厚度为2mm的2024铝板通过M6螺栓连接。该试件的宽度为400mm，垫圈的外径为16mm，以放大真实接触面积的变化范围。在螺栓的两侧，靠近搭接边缘，使用两个定位销固定上下板之间的相对位置。在上述结构中粘贴了压电陶瓷传感器，用于后续的超声导波实验。对于螺栓搭接结构的实验，使用Stanley SD-030-22扭矩扳

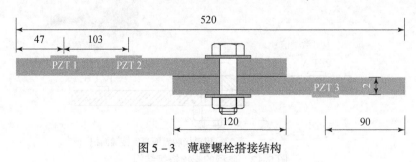

图5-3 薄壁螺栓搭接结构

第5章 螺栓预紧力的超声导波监测

手来施加扭矩。施加的扭矩范围为 1.5~10N·m。使用富士 Prescale LLW 膜在不同扭矩下测量接触面积。该膜的厚度为 200μm。Prescale LLW 膜的适用压力范围为 0.5~2.5MPa。

使用富士胶片 Prescale 膜测量的接触区域如图 5-4 所示。很明显，接触区域随着扭矩的增加而增大。

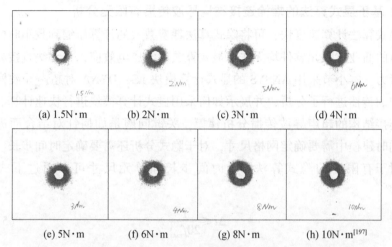

(a) 1.5N·m   (b) 2N·m   (c) 3N·m   (d) 4N·m

(e) 5N·m   (f) 6N·m   (g) 8N·m   (h) 10N·m[197]

图 5-4 使用富士胶片 Prescale 膜测量的不同扭矩下的接触区域

接触直径使用游标卡尺测量，结果如图 5-5 所示。接触直径随着螺栓扭矩的增加而增大。当扭矩较小时，接触直径会随着扭矩的增加而迅速增大；然而，当扭矩大于 5N·m 时，接触直径的变化相对较小。

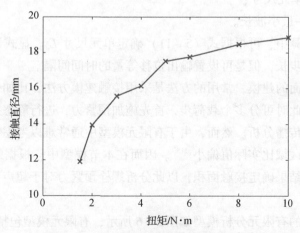

图 5-5 接触直径随扭矩变化的情况[197]

从图 5-5 结果中可以看出，对于薄壁螺栓连接结构，当扭矩达到一定值时，接触面积的变化会达到饱和值，即基本不随扭矩的变化而变化。另外，根据粗糙接触力学理论分析结果，当接触压力达到一定值时，连接界面处的真实接触面积会达到饱和值[198]，此时真实接触面积随着接触压力增加而不再明显增加，这与上述实验的结果基本一致。

2. 基于显式算法的螺栓连接结构导波传播有限元分析

显式算法计算速度快，可将隐式算法耗费数天的计算压缩到数小时内，但是目前的商业有限元软件均无法在显式算法考虑压电效应，也无法直接施加螺栓预紧力。本小节采用 ANSYS 的显式计算模块 LS-DYNA 对超声导波模块在螺栓中的传播进行了分析，并展示如何采用显式计算模块进行快速计算。对于螺栓连接结构的超声导波传播分析建模，关键问题是如何针对结合面进行建模，同时建模中需要确定网格尺寸，对于隐式分析还需要确定时间步长。

对于有限元的隐式算法中，时间步长和单元尺寸可以通过下式进行计算[199]

$$\Delta t \leqslant \frac{1}{20 f_{max}} \quad (5-10)$$

$$L_e \leqslant \frac{\lambda_{min}}{20} \quad (5-11)$$

式中　Δt——时间步长；

　　　f_{max}——波的最大频率；

　　　L_e——单元尺寸；

　　　λ_{min}——最小波长。

在显示计算中，可根据式（5-11）确定单元尺寸 L_e。显式计算中通常不需要确定时间步长，但是可设置输出位移等量的时间间隔。

对于结合面的建模，常用的方法是采用接触建模方法，比如罚函数法等建立接触模型，此时可分多个载荷步，首先施加预紧力，进行静态接触分析，随后开展瞬态波传播分析。然而，由于有限元模型中通常难以考虑粗糙表面，光滑表面的接触区域比实际值偏小[115]。因而在本节模型中，根据螺栓结合面接触面积的测量结果确定接触面积，以此分析螺栓预紧力对于超声导波传播的影响规律。

本节建立的有限元分析模型如图 5-6 所示，有限元模型包括螺栓、螺母、2 个垫片和 2 块铝板。铝板的元件尺寸为 0.6mm，垫片和螺栓的元件尺寸为

0.2mm。激励信号为中心频率为150kHz和200kHz的3.5周期汉宁窗调制正弦波。在图中所示的激发节点处施加位移激励。在施加激励时，对板的上下表面的两个节点施加Z方向的位移激励。因此，我们可以通过在两个节点上施加相同或相反的信号来分别激发A_0和S_0波。有限元模型中在对称轴处采用了对称约束，只对试件的一半进行建模，以此来降低计算耗费。在有限元分析中，将不同区域的连接界面黏结在一起，模拟不同的螺栓扭矩值。区域的直径或者面积根据图5-4和图5-5使用富士胶片的测量结果确定。在非接触部位则不设置接触。因此该模型可以看做线性系统。根据线性系统理论，将A_0激励和S_0激励的响应信号相加，可以得到A_0和S_0波同时激励的响应信号。有限元分析中考虑了5个力矩，分别为2N·m、4N·m、6N·m、8N·m和10N·m，其中10N·m定义为健康状态。

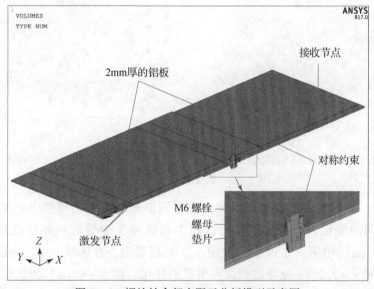

图5-6　螺栓结合部有限元分析模型示意图

当螺栓扭矩为10N·m且激励信号为200kHz的S_0波时，提取如图5-6所示三个区域节点的x方向位移，区域2和区域3分别位于螺栓的上表面和下表面，结果如图5-7所示。在图5-7（b）、（c）、（d）中，x方向0坐标分别在三个区域的最左端。由图5-7（b）可以看出，随着x的增大，激发的S_0波的相位发生变化，这表明波是传播波，其后有不同的反射波及其干涉。另外，图5-7（c）和（d）中波形的相位不随x坐标变化。

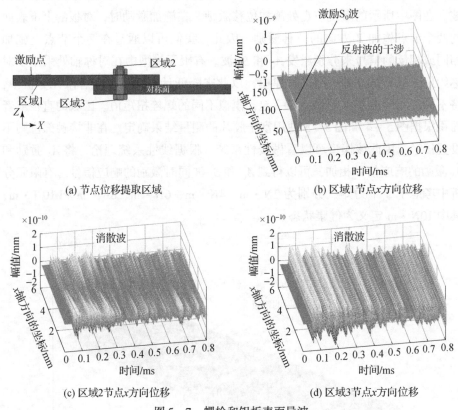

图 5-7 螺栓和铝板表面导波

图 5-8 展示了区域 1 和区域 3 中不同位置处有限元模型中 x 方向的位移随时间的变化,以进一步对比区域 1 和区域 3 中导波的相位变化情况。图 5-8 (a) 中第一个波包为激励 S_0。可以看出,在区域 1 中,在位置 $x = 0.2mm$ 和 $x = 2.2mm$ 处导波相位有明显的变化。图 5-8 (b) 为区域 3 的时域信号。可以看出,在区域 3 中位置 $x = 0.2mm$ 和 $x = 2.2mm$ 处导波相位没有变化。可以推断,图 5-7 (d) 和图 5-8 (b) 所示波的主要分量为非传播波。

当激励信号由 A_0 波和 S_0 波组成,频率分别为 150kHz、200kHz,螺栓扭矩为 10N·m、8N·m、6N·m 时,接收到的信号如图 5-9 所示。从图中可以看出,不同扭矩下,超声导波信号的幅值和相位都会发生变化,但是直达波的幅值变化并不十分明显。

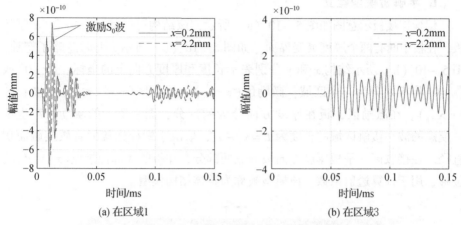

(a) 在区域1　　　　　　　　　　(b) 在区域3

图 5-8　不同 x 坐标下的时域导波

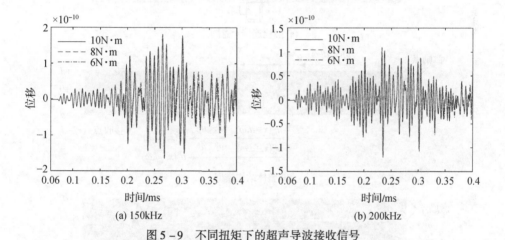

(a) 150kHz　　　　　　　　　　(b) 200kHz

图 5-9　不同扭矩下的超声导波接收信号

5.2.2　螺栓搭接结构中超声导波传播的半解析分析方法

有限元方法的计算时间较慢，仍不便于分析接触面积等对于导波传播的影响规律。为此本节提出了一种半解析方法，将有限元模型与波叠加法相结合，预测导波在连接界面中的传输，包括接触区域的波模式转换。根据图 5-7、图 5-9 的有限元分析结果可以看出螺栓中的波主要为非传播波，因此在半解析有限元分析模型中，忽略了螺栓，将螺栓连接结构简化为两个搭接平板，以便于半解析模型推导。本节利用半解析模型分析接触界面中的波模转换和能量传递，研究接触长度对导波通过连接界面的透射系数的影响。

1. 半解析模型建立

螺栓连接板示意图如图 5-10（a）所示，该结构可以简化为一个 $2d$ 厚的板，在板中间有两个厚度突变界面，如图 5-10（b）所示，此时忽略了螺栓。图 5-10（b）所示结构 x 和 y 分别表示长度和厚度方向上的坐标。$(x_a,0)$ 或 $(x_b,0)$ 将板划分为三个区域：激励区 $(x<x_a)$、接触区 $(x_a \leqslant x \leqslant x_b)$ 和接收区 $(x>x_b)$。在激励区，板在厚度方向分为两部分，图中所示的激励点产生单一模态的波。接触区域的长度为 $L=x_b-x_a$，取决于螺栓连接的有效接触面积直径。在接收区，平板厚度方向被分成两部分，在板的底部记录点 $(x_r,-d)$ 的位移，用于计算透射系数。该模型被称为整体结构模型。

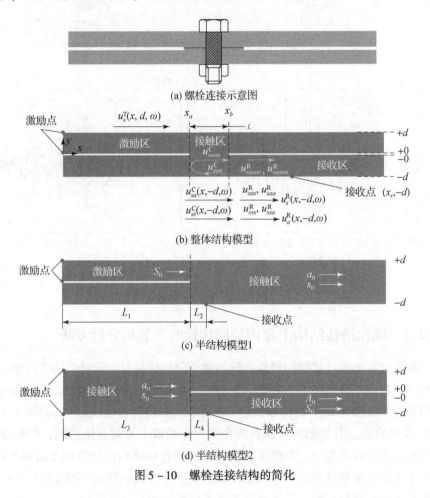

图 5-10 螺栓连接结构的简化

第5章 螺栓预紧力的超声导波监测

本小节提出的半解析模型由图 5-10（c）和（d）所示的两个半结构模型和波叠加法组成。每个半结构模型用于计算整体模型中 $(x_a,0)$ 或 $(x_b,0)$ 处所有可能发生的入射波和反射波的振幅透射和反射系数。通过使用波叠加法，可以在整体结构模型的接收区域的感兴趣点处计算位移和透射系数。与整体结构的有限元计算相比，半解析法显著降低了计算量。

在如图 5-10（b）所示的激励区产生一个波，通过接触区传播，最后到达接收区。通过选择合适的激励方式，可以在激励区产生单一的模态（A_0 或 S_0）。这里考虑一个 S_0 波，在 $(0,d)$ 处激发，振幅为 $u_s^T(0,d,\omega)$，角频率为 ω。在激励区点 (x,d) 处

$$u_s^T(x,d,\omega) = \frac{1}{\sqrt{x}} u_s^T(0,d,\omega) \cdot \mathrm{e}^{-\mathrm{i}k_s^T x} \quad (5-12)$$

式中，小写下标表示模态；上标表示感兴趣点所在的区域，激励区、接触区和接收区分别简写为 T、C 或 R；$\frac{1}{\sqrt{x}}$ 为圆形波前在二维中几何扩散导致的幅度衰减；k 是波数，在激励区，下标是 s，而在其他区域，k 是一串字母，表示在不同区域传播的射线路径中依次出现的模态。例如，u_{ss}^C 和 u_{sa}^C 分别表示在激励区均为 S_0 模态，而在接触区域 $(x_a,0)$ 点透射的 S_0 和 A_0 波。这些波可以进一步透射到接收区，产生 u_{sss}^R、u_{ssa}^R、u_{sas}^R 和 u_{saa}^R，同时也可以在 $(x_b,0)$ 处反射，产生 u_{saa}^C 等反射波。

对于接触区域的 S_0 波，在 $(x_b,0)$ 或 $(x_a,0)$ 处全部透射[200]，对于接触区的 A_0 波，在点 $(x_a,0)$ 和点 $(x_b,0)$ 之间存在反射反射，然后透射到接收区。如果只考虑 A_0 模态在 $(x_a,0)$ 处的一次反射，那么在接收区域的 S_0 波包主要包含 u_{sss}^R、u_{sas}^R 和 u_{saaas}^R。因此激励点激励出 S_0 波后，接收区的 S_0 波位移的总振幅可表示为

$$\begin{aligned}u_{S2S}^R(x,-d,\omega) = u_s^T(0,d,\omega) \Bigg(&\frac{1}{\sqrt{x}} A_{ss}(\omega) B_{ss}(\omega) \mathrm{e}^{-\mathrm{i}(k_s^R(x-L)+k_s^C L)} \\ &- \frac{1}{\sqrt{x}} A_{sa}(\omega) B_{as}(\omega) \mathrm{e}^{-\mathrm{i}(k_s^R(x-L)+k_a^C L)} \\ &- \frac{1}{\sqrt{x+2L}} A_{sa}(\omega) B_{as}(\omega) C_{aa}^2(\omega) \mathrm{e}^{-\mathrm{i}(k_s^R(x-L)+3k_a^C L)} \Bigg) \quad (5-13)\end{aligned}$$

式中　A——波从 d 厚板透射到 $2d$ 厚板时的幅值透射系数；

B——波从 $2d$ 厚板透射到 d 厚板时的振幅透射系数；

C——波从 $2d$ 厚板中反射到点 $(x_a, 0)$ 或 $(x_b, 0)$ 处的幅值反射系数。

u_{S2S}^R 的第一个大写下标 S 表示 S_0 波激发，第二个大写下标表示接收区的 S_0 波。A、B 和 C 的小写下标表示入射和透射/反射波的模态。

同样，在 S_0 波激励下，接收区的 A_0 波包为 u_{saa}^R、u_{ssa}^R 和 u_{saaaa}^R 的叠加，其位移可表示为

$$u_{S2A}^R(x, -d, \omega) = u_s^T(0, d, \omega) \left(-\frac{1}{\sqrt{x}} A_{ss}(\omega) B_{sa}(\omega) e^{-i(k_a^R(x-x_b) + k_s^C L + k_s^T x_a)} \right.$$

$$-\frac{1}{\sqrt{x}} A_{sa}(\omega) B_{aa}(\omega) e^{-i(k_a^R(x-x_b) + k_a^C L + k_s^T x_a)} - \frac{1}{\sqrt{x+2L}} A_{sa}(\omega) B_{aa}(\omega)$$

$$\left. C_{aa}^2(\omega) e^{-i(k_a^R(x-x_b) + 3k_a^C L + k_s^T x_a)} \right) \tag{5-14}$$

应该指出的是式（5-13）、式（5-14）可稍加修改，适用于接触区不同反射次数、不同波形组合的任何情况。A、B 和 C 可以从半模型的有限元分析中得到，并利用式（5-13）、式（5-14）预测整体结构模型的接收位置导波结果。

在 $(0, d)$ 处激发振幅为 $u_a^T(0, d, \omega)$ 的 A_0 波时，接收区 S_0 波和 A_0 波的位移可表示为

$$u_{A2S}^R(x, -d, \omega) = u_a^T(0, d, \omega) \left(-\frac{1}{\sqrt{x}} A_{as}(\omega) B_{ss}(\omega) e^{-i(k_s^R(x-x_b) + k_s^C L + k_a^T x_a)} \right.$$

$$-\frac{1}{\sqrt{x}} A_{aa}(\omega) B_{as}(\omega) e^{-i(k_s^R(x-x_b) + k_a^C L + k_a^T x_a)} - \frac{1}{\sqrt{x+2L}} A_{aa}(\omega) B_{as}(\omega)$$

$$\left. C_{aa}^2(\omega) e^{-i(k_s^R(x-x_b) + 3k_a^C L + k_a^T x_a)} \right) \tag{5-15}$$

$$u_{A2A}^R(x, -d, \omega) = u_a^T(0, d, \omega) \left(\frac{1}{\sqrt{x}} A_{as}(\omega) B_{sa}(\omega) e^{-i(k_a^R(x-L) + k_s^C L)} \right.$$

$$-\frac{1}{\sqrt{x}} A_{aa}(\omega) B_{aa}(\omega) e^{-i(k_a^R(x-L) + k_a^C L)} - \frac{1}{\sqrt{x+2L}} A_{aa}(\omega) B_{aa}(\omega)$$

$$\left. C_{aa}^2(\omega) e^{-i(k_a^R(x-L) + 3k_a^C L)} \right) \tag{5-16}$$

在实际的导波检测中，常以导波信号透射能量的比值作为拧紧指标。根据

第 5 章 螺栓预紧力的超声导波监测

Parseval 定理，导波信号的能量可以用其傅里叶变换的平方和来计算，表示为

$$T = \frac{\int_{\omega_0-\omega_b/2}^{\omega_0+\omega_b/2} |u^R(x_R, -d, \omega)|^2 d\omega}{\int_{\omega_0-\omega_b/2}^{\omega_0+\omega_b/2} |u^T(0, d, \omega)|^2 d\omega} \quad (5-17)$$

式中，ω_0 和 ω_b 分别为信号的中心角频率和带宽。

2. 幅值透射系数与半解析有限元分析

通过建立图 5-11（c）和（d）半结构 1 和 2 的有限元模型可以求得幅值透射和反射系数，在此基础上建立能量透射系数表达式，并讨论能量传递系数的周期性变化。整体模型和半模型均可采用商用软件 ANSYS 进行计算，在这些模型中，为降低计算成本，建立二维平面应变模型，采用八节点四边形 PLANE183 单元，尺寸为 1/10 波长，时间步长为激励信号周期的 1/30，二维有限元模型中不考虑粗糙接触。

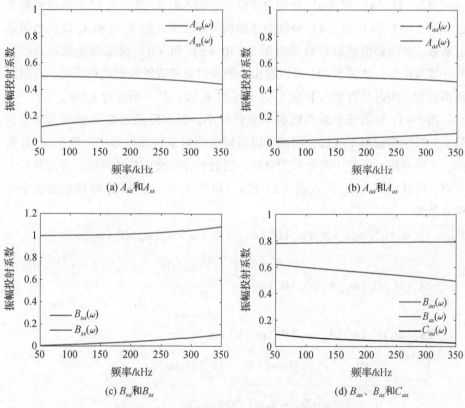

图 5-11 半结构模型 1 和 2 的透射和反射系数

对于整体结构的有限元模型，x_a 和 x_r 分别固定为 300mm 和 510mm。此外，x_b 是可变的，以模拟不同的接触长度 L。对于如图 5-10（c）和（d）所示的半模型，L_1 和 L_3 都是 200mm，L_2 和 L_4 都是 30mm。为了消除边界反射波的影响，所有有限元模型在 x 方向上的总长度为 2000mm。在 x 方向的一对激励点上施加相同或相反的信号，可以产生 A_0 或 S_0 波模。

铝板是航空航天结构中常用的结构件，材料选用 2024 铝合金，弹性模量 72.4GPa，密度 2780kg/m³，泊松比 0.33。板厚取 $d=2$mm。在有限元模型中，激励信号为 3.5 周期汉宁窗调制正弦波。对于整体结构有限元模型，激励信号的中心频率为 200kHz。对于半结构模型，采用不同的中心频率，总频率范围为 50~350kHz。此时铝板中只存在 A_0 波和 S_0 波，因此通过对板上下表面的位移求和或相减，可以从监测节点记录的信号中分离出对称波和反对称波模式。

图 5-11（a）和（b）分别为半模型 1 的入射 S_0 波和 A_0 波的幅值透射系数。图 5-11（c）和（d）分别为半结构模型 2 的入射 S_0 波和 A_0 波的幅值透射系数。此时幅值透射系数是由图 5-10（c）和（d）所示的接收点处的信号计算得出的。从图 5-11 可以看出，当入射波和透射波模式相同时，透射系数都较大。同时只有当入射波 A_0 才会反射 A_0 波，且不会反射 S_0 波。

图 5-11 显示每个系数随频率变化较小，且实际激励信号通常为窄带信号，如汉宁窗调制正弦波，因而可以将幅值透射系数取信号中心频率 ω_0 处数值。二维有限元模型中的导波为直峰，因此不存在波束扩散衰减。考虑到以上几点，将式（5-13）代入式（5-17），得到 S_0 波激发和 S_0 波接收的能量传输系数为

$$T_{S2S} = A_{ss}^2(\omega_0)B_{ss}^2(\omega_0) + A_{sa}^2(\omega_0)B_{as}^2(\omega_0) + A_{sa}^2(\omega_0)B_{as}^2(\omega_0)C_{aa}^4(\omega_0) -$$

$$2A_{ss}(\omega_0)B_{ss}(\omega_0)A_{sa}(\omega_0)B_{as}(\omega_0)\frac{\int_{\omega_0-\omega_b/2}^{\omega_0+\omega_b/2}|u_s^T(0,-d,\omega)|^2\cos\left(\frac{2\pi L}{P}\right)d\omega}{\int_{\omega_0-\omega_b/2}^{\omega_0+\omega_b/2}|u_s^T(0,-d,\omega)|^2 d\omega} -$$

$$2A_{ss}(\omega_0)B_{ss}(\omega_0)A_{sa}(\omega_0)B_{as}(\omega_0)C_{aa}^2(\omega_0)$$

$$\frac{\int_{\omega_0-\omega_b/2}^{\omega_0+\omega_b/2}|u_s^T(0,-d,\omega)|^2\cos((k_s^C-3k_a^C)L)d\omega}{\int_{\omega_0-\omega_b/2}^{\omega_0+\omega_b/2}|u_s^T(0,-d,\omega)|^2 d\omega} +$$

$$2A_{sa}^2(\omega_0)B_{as}^2(\omega_0)C_{aa}^2(\omega_0)\frac{\int_{\omega_0-\omega_b/2}^{\omega_0+\omega_b/2}|u_s^T(0,-d,\omega)|^2\cos(2k_a^C L)d\omega}{\int_{\omega_0-\omega_b/2}^{\omega_0+\omega_b/2}|u_s^T(0,-d,\omega)|^2 d\omega} \quad (5-18)$$

同理，S_0 波激发和 A_0 波接收的能量传输系数表示为

$$T_{S2A} = A_{ss}^2(\omega_0)B_{sa}^2(\omega_0) + A_{sa}^2(\omega_0)B_{aa}^2(\omega_0) + A_{sa}^2(\omega_0)B_{aa}^2(\omega_0)C_{aa}^4(\omega_0) +$$

$$2A_{ss}(\omega_0)B_{sa}(\omega_0)A_{sa}(\omega_0)B_{aa}(\omega_0)\frac{\int_{\omega_0-\omega_b/2}^{\omega_0+\omega_b/2}|u_s^T(0,-d,\omega)|^2\cos\left(\frac{2\pi L}{P}\right)d\omega}{\int_{\omega_0-\omega_b/2}^{\omega_0+\omega_b/2}|u_s^T(0,-d,\omega)|^2 d\omega} +$$

$$2A_{ss}(\omega_0)B_{sa}(\omega_0)A_{sa}(\omega_0)B_{aa}(\omega_0)C_{aa}^2(\omega_0)$$

$$\frac{\int_{\omega_0-\omega_b/2}^{\omega_0+\omega_b/2}|u_s^T(0,-d,\omega)|^2\cos((k_s^C-3k_a^C)L)d\omega}{\int_{\omega_0-\omega_b/2}^{\omega_0+\omega_b/2}|u_s^T(0,-d,\omega)|^2 d\omega} +$$

$$2A_{sa}^2(\omega_0)B_{aa}^2(\omega_0)C_{aa}^2(\omega_0)\frac{\int_{\omega_0-\omega_b/2}^{\omega_0+\omega_b/2}|u_s^T(0,-d,\omega)|^2\cos(2k_a^C L)d\omega}{\int_{\omega_0-\omega_b/2}^{\omega_0+\omega_b/2}|u_s^T(0,-d,\omega)|^2 d\omega}$$

$$(5-19)$$

式中，$P = \dfrac{1}{\dfrac{1}{\lambda_a^C} - \dfrac{1}{\lambda_s^C}}$ 可以导致透射系数随接触长度的周期性变化，λ 是波长。当接触长度足够长时，波包 u_{sas}^R 和 u_{sss}^R 分开，此时能量传递系数仅依赖式（5-18）和式（5-19）中的前两项。

当激发 A_0 波时，接收区 S_0 波和 A_0 波的能量传输系数为

$$T_{A2S} = A_{as}^2(\omega_0)B_{ss}^2(\omega_0) + A_{aa}^2(\omega_0)B_{as}^2(\omega_0) + A_{aa}^2(\omega_0)B_{as}^2(\omega_0)C_{aa}^4(\omega_0) +$$

$$2A_{as}(\omega_0)B_{ss}(\omega_0)A_{aa}(\omega_0)B_{as}(\omega_0)\frac{\int_{\omega_0-\omega_b/2}^{\omega_0+\omega_b/2}|u_a^T(0,-d,\omega)|^2\cos\left(\frac{2\pi L}{P}\right)d\omega}{\int_{\omega_0-\omega_b/2}^{\omega_0+\omega_b/2}|u_a^T(0,-d,\omega)|^2 d\omega} +$$

$$2A_{as}(\omega_0)B_{ss}(\omega_0)A_{aa}(\omega_0)B_{as}(\omega_0)C_{aa}^2(\omega_0)$$

$$\frac{\int_{\omega_0-\omega_b/2}^{\omega_0+\omega_b/2}|u_a^T(0,-d,\omega)|^2\cos((k_s^C-3k_a^C)L)d\omega}{\int_{\omega_0-\omega_b/2}^{\omega_0+\omega_b/2}|u_a^T(0,-d,\omega)|^2 d\omega} +$$

$$2A_{aa}^2(\omega_0)B_{as}^2(\omega_0)C_{aa}^2(\omega_0)\frac{\int_{\omega_0-\omega_b/2}^{\omega_0+\omega_b/2}|u_a^T(0,-d,\omega)|^2\cos(2k_a^C L)d\omega}{\int_{\omega_0-\omega_b/2}^{\omega_0+\omega_b/2}|u_a^T(0,-d,\omega)|^2 d\omega} \quad (5-20)$$

$$T_{A2A} = A_{as}^2(\omega_0)B_{sa}^2(\omega_0) + A_{aa}^2(\omega_0)B_{aa}^2(\omega_0) + A_{aa}^2(\omega_0)B_{aa}^2(\omega_0)C_{aa}^4(\omega_0) -$$

$$2A_{as}(\omega_0)B_{sa}(\omega_0)A_{aa}(\omega_0)B_{aa}(\omega_0)\frac{\int_{\omega_0-\omega_b/2}^{\omega_0+\omega_b/2}|u_a^T(0,-d,\omega)|^2\cos\left(\frac{2\pi L}{P}\right)d\omega}{\int_{\omega_0-\omega_b/2}^{\omega_0+\omega_b/2}|u_a^T(0,-d,\omega)|^2 d\omega} -$$

$$2A_{as}(\omega_0)B_{sa}(\omega_0)A_{aa}(\omega_0)B_{aa}(\omega_0)C_{aa}^2(\omega_0)$$

$$\frac{\int_{\omega_0-\omega_b/2}^{\omega_0+\omega_b/2}|u_a^T(0,-d,\omega)|^2\cos((k_s^C-3k_a^C)L)d\omega}{\int_{\omega_0-\omega_b/2}^{\omega_0+\omega_b/2}|u_a^T(0,-d,\omega)|^2 d\omega} +$$

$$2A_{aa}^2(\omega_0)B_{aa}^2(\omega_0)C_{aa}^2(\omega_0)\frac{\int_{\omega_0-\omega_b/2}^{\omega_0+\omega_b/2}|u_a^T(0,-d,\omega)|^2\cos(2k_a^C L)d\omega}{\int_{\omega_0-\omega_b/2}^{\omega_0+\omega_b/2}|u_a^T(0,-d,\omega)|^2 d\omega}$$

$$(5-21)$$

可以看出，式（5-20）和式（5-21）中参数 P 与式（5-18）、式（5-19）中相同。这表明，所有能量传输系数的波动周期仅取决于接触区 A_0 和 S_0 波的波长。因此上述公式可用于预测导波通过一维接触界面的能量传输系数。应该指出的是式（5-18）~式（5-21）可适用于具有不同接触长度和不同波型组合的任何情况。因为方程中的 A、B 和 C 由半结构有限元模型得到，式（5-13）~式（5-16）和式（5-18）~式（5-21）被称为半解析模型。

采用如图 5-10 所示的整体结构有限元模型验证所提出的半解析方法。采用半解析模型可以得到如图 5-10（b）所示的接收点时域兰姆波信号。图 5-12（a）以 $L=30\text{mm}$ 和 S_0 波激励为例，比较了整体结构有限元模型、半解析模型（式（5-13）和式（5-14）），同时对比了是否考虑 C_{aa} 的结果。图 5-12（b）为 $L=100\text{mm}$ 时的结果。可以看出所提出的半解析方法与整体结构有限元模型的结果吻合较好，而且反射波的影响可以忽略不计。在每个图中，第一波包为 S_0 模态，最后一波包为 A_0 模态。图 5-12（b）中的第二波包是 u_{sas}^R 和 u_{ssa}^R 的叠加。同时，它们分别从 u_{sss}^R 和 u_{saa}^R 中分离出来。

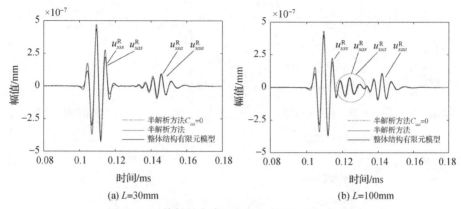

图 5-12 接触长度为 $L=30\text{mm}$ 和 $L=100\text{mm}$ 时，
半解析法模拟时域信号与整体结构有限元模型结果的比较

能量传输系数根据采用式（5-18）和式（5-21）计算，将结果与有限元结果进行对比，如图 5-13 和图 5-14 所示。由图中可以看出，半解析法计算出的 S_0 和 A_0 功率传递系数与整体结构有限元模型的结果一致。此外，还证实了反射波的影响可以忽略不计。这主要是因为接触区域的 S_0 波在 $(x_a,0)$ 和 $(x_b,0)$ 处没有反射，并且振幅反射系数 C_{aa} 过小。

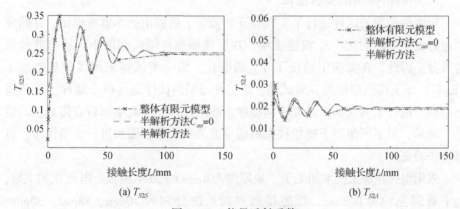

图 5-13 能量透射系数

图 5-13（a）和（b）的结果表明，能量透射系数 T_{S2S} 和 T_{S2A} 随接触长度 L 周期性变化，这些变化是由于 u_{sss}^R 和 u_{sas}^R 的干涉，以及 u_{saa}^R 和 u_{ssa}^R 的干涉。变化周期约为 18.5mm，这与式（5-18）和式（5-19）中用 P 计算的结果一致。从图 5-13 可以看出，当接触长度 L 大于约 110mm 时，功率传输系数 T_{S2S} 和 T_{S2A} 没有变化，其原因是此时 u_{sas}^R 和 u_{sss}^R 完全分开，同时 u_{saa}^R 和 u_{ssa}^R 也是分离的。

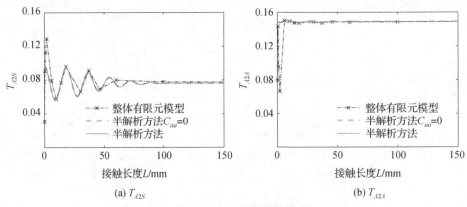

图 5–14 能量透射系数

从图 5–14 可以看出，T_{A2S} 和 T_{A2A} 也随接触长度 L 周期性变化，其变化周期也等于前面式（5–20）和式（5–21）中的 P。这些变化是由于 u_{ass}^R 和 u_{aas}^R 的干涉，以及 u_{aaa}^R 和 u_{asa}^R 的干涉。另外，无干涉时 T_{A2S} 约为 T_{A2A} 的 51.7%。T_{S2A} 约占 T_{S2S} 的 7.2%，如图 5–13 所示。可以看出，当 A_0 波被激发时，通过接触区域后会发生更多的模式转换。

3. 半解析模型的实验验证

对两种类型的试件进行了实验验证，验证了所提出的半解析模型，并研究了透射波能量的变化。S_0 波速度快，在所选频率范围内频散小，易与其他波包区分。因此，在实验中验证了 T_{S2S} 的变化。第一类试样采用线材放电加工（EDM）加工得到理想的界面试样。第二种类型的试件是由单个螺栓连接的搭接结构。通过电火花加工具有不同接触面积的试样，实验半解析有限元法的结果。然后，对不同扭矩下螺栓接头板的导波透射和接触面积进行实验测量，以进一步验证。

采用电火花加工技术加工了 5 块厚度为 4mm 的 2024 铝板。电火花加工后，上下板间隙约为 0.2mm，理想接触界面长度分别为 10mm、18mm、30mm、37mm、60mm。接触长度为 10mm 的试样尺寸如图 5–15 所示。所有电火花加工样品的宽度为 350mm。螺栓搭接结构采用两块厚度为 2mm 的 2024 铝板，用 M6 螺栓连接。螺栓搭接结构的尺寸如图 5–3 所示。试样宽度为 400mm，衬垫外径为 16mm，以扩大实际接触面积的变化范围。在螺栓的两侧，靠近重叠的边缘处，用两个定位销固定上下板之间的相对位置。

第 5 章 螺栓预紧力的超声导波监测

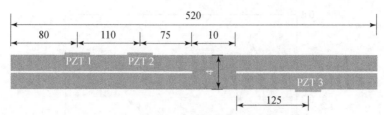

图 5 – 15 接触长度为 10mm 的电火花加工试样

在每个试件的上底面中心线上粘贴 3 块直径为 8mm 的 P – 5A 压电陶瓷片。在两个实验中，PZT 1 作为致动器，PZT 2 和 PZT 3 作为传感器。由于 PZT 1 处的位移难以获得，因此采用 PZT 2 和 PZT 3 接收到的信号计算功率传输系数。在粘接 PZT 贴片之前，测量压电片的阻抗谱，以确保 PZT 2 和 PZT 3 在每个试样上的阻抗特性基本相同。使用 NI PXIe – 5105 进行数据采集，采样频率为 24MHz。使用 NI PXIe – 5413 产生激励信号，激励信号为 3.5 周期汉宁窗调制正弦波，中心频率为 200kHz，与整体结构有限元模型相同。

实验中压电传感器激励得到的是圆波峰的兰姆波。因此，由于圆形波前的几何扩展，振幅逐渐减小。在这种情况下，当不考虑 C_{aa} 时，式（5 – 18）可以改写为

$$T_{S2S} = \frac{1}{x}\left(A_{ss}^2(\omega_0)B_{ss}^2(\omega_0) + A_{sa}^2(\omega_0)B_{sa}^2(\omega_0) + A_{sa}^2(\omega_0)B_{as}^2(\omega_0)C_{aa}^4(\omega_0) - 2A_{ss}(\omega_0)B_{ss}(\omega_0)A_{sa}(\omega_0)B_{as}(\omega_0)\frac{\int_{\omega_0-\omega_b/2}^{\omega_0+\omega_b/2}|u_s^T(0,-d,\omega)|^2\cos\left(\frac{2\pi L}{P}\right)d\omega}{\int_{\omega_0-\omega_b/2}^{\omega_0+\omega_b/2}|u_s^T(0,-d,\omega)|^2 d\omega}\right)$$

(5 – 22)

在实验中用接收信号处的直达的 S_0 波计算能量透射系数，公式如下：

$$T_{S2S}^E = \frac{x_3\int_{\omega_0-\omega_b/2}^{\omega_0+\omega_b/2}V_3^2(\omega)d\omega}{x_2\int_{\omega_0-\omega_b/2}^{\omega_0+\omega_b/2}V_2^2(\omega)d\omega}$$

(5 – 23)

实验与理论计算对比结果如图 5 – 16 所示。从图中可以看出，实验结果与所提出的半解析法一致，所提出的半解析法对功率传输系数的预测是有效的。

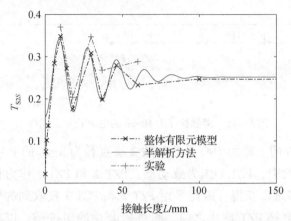

图 5-16 实验结果与半解析法和整体结构有限元结果比较

对于螺栓搭接板的实验，螺栓搭接结构试验采用 Stanley SD-030-22 扭矩扳手施加预紧力。施加的扭矩范围为 1.5~10N·m。除了中心频率为 200kHz 的激励信号外，还选用中心频率为 150kHz 的汉宁窗调制 2.5 周期信号作为螺栓搭接结构的激励信号。测量不同转矩下的功率传输系数 T_{S2S}，进行了三次重复实验。接收到的时域信号如图 5-17 所示。图 5-17（a）和（b）分别为激励信号中心频率为 200kHz 和 150kHz 时，PZT 2 在不同转矩下接收到的信号，此时接收信号不随扭矩变化。图 5-17（c）和（d）为 PZT 3 接收到的响应信号。图中每个接收信号的第一个波包为直达的 S_0 波。从图 5-17（c）和（d）可以清楚地看出，PZT 3 接收到的直达 S_0 波振幅随着螺栓扭矩的增大而减小，与此相反接触面积随着螺栓扭矩的增大而显著增大。

利用式（5-23）计算不同转矩下的 T_{S2S}，结果如图 5-18 所示。实验测得的 T_{S2S} 为重复实验的平均值。图中以接触直径作为接触长度，与半解析法的结果进行比较。从图 5-18（a）可以看出，当转矩在 1.5~8N·m 时，测量到的 T_{S2S} 系数随接触直径的增大而减小。当转矩为 8~10N·m 时，T_{S2S} 随接触直径增大而增大。当激励信号的中心频率减小到 150kHz 时，实测的 T_{S2S} 随接触直径单调减小，如图 5-18（b）所示，主要原因是 T_{S2S} 的周期长度随着激励信号中心频率的减小而增大。由螺栓搭接结构测得的 T_{S2S} 变化趋势与半解析方法预测的趋势一致。然而，从螺栓连接结构中测量到的 T_{S2S} 远小于理论方法得到的值。这是由于导波的大部分能量被分散在圆形螺栓孔上，因而 PZT 3 处接收到的导波幅值明显减小。

第5章 螺栓预紧力的超声导波监测

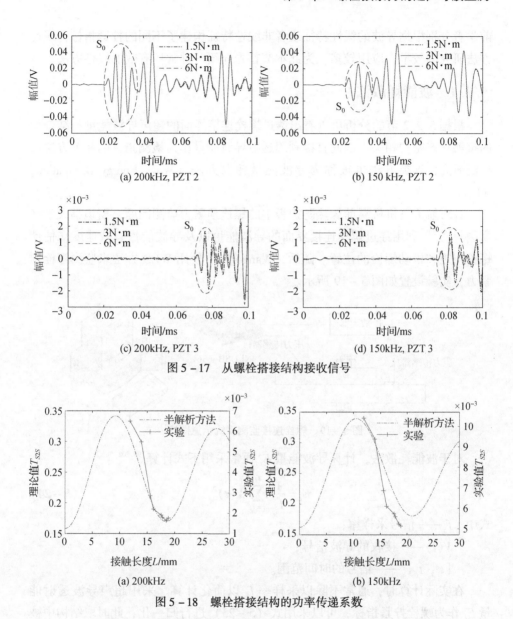

图 5-17 从螺栓搭接结构接收信号

图 5-18 螺栓搭接结构的功率传递系数

5.3 螺栓松动超声导波监测的线性方法

采用超声导波可以对螺栓预紧力进行监测,然而超声导波信号由于频散、多模态等特性,接收信号较为复杂,因而导波监测依赖于构建的拧紧指标,目前学者分别根据导波的线性特征或者非线性特征构建了不同的拧紧指标，线性方法研究的较早，应用较多，为此本节首先介绍三种常用有效的线性方法。

5.3.1 波能耗散法

根据 5.2.2 节的分析可以看出透过螺栓连接界面的超声导波能量与结合面的接触状态密切相关，因此直接利用透射导波能量作为检测指标的相关方法被广泛研究，这类方法也被称为导波能量耗散方法（Wave Energy Dissipation，WED）。

针对航天飞机机翼前缘热防护板中的螺栓预紧力监测问题，斯坦福大学张富国等[98,201]利用穿过螺栓连接界面的导波能量以及导波能量衰减速度来估计螺栓扭矩和松动螺栓的位置。随后，Wang 等[202]使用 WED 方法来监测螺栓预紧力，实验设置如图 5-19 所示。

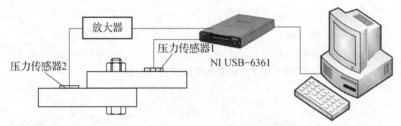

图 5-19 螺栓连接监测系统示意图[202]

对于波能耗散法，计算导波能量 E_t 通常采用下式计算[98,202]：

$$E_t = \frac{1}{f_S} \sum_{t=t_s}^{t_f} V(t)^2 \qquad (5-24)$$

式中 f_S——信号采样率；

$V(t)$——接收的导波信号；

$[t_s, t_f]$——信号的时间范围。

在实际计算时，通常不除以采样率 f_S 以简化计算。采用超声导波透射能量 E_t 作为螺栓拧紧指标，可以采用式（5-25）进行归一化，此时取结构中被测螺栓处于额定扭矩时的超声导波透射能量 E_0 作为基准，归一化后的螺栓拧紧指标 TI_E 为

$$TI_E = \frac{E_t}{E_0} \qquad (5-25)$$

Wang 等[202]采用波能耗散法的实验结果如图 5-20（a）所示，注意此时

其没有进行归一化。从图中可以可以看出导波透射能量基本上与扭矩水平成正比,但是当施加的转矩达到一定值时,能量不会随着螺栓扭矩而变化,这就是所谓的饱和现象。同样,Amerini 和 Meo[119]在信号频域中计算了透射导波的能量,用以评估螺栓的紧固状态,结果如图 5-20(b)所示,仍然可以看到较为明显的饱和现象。因此利用透射波能量检测时,当螺栓预紧力达到一定值后,透过的导波能量不再变化,此时其检测灵敏度会显著降低。

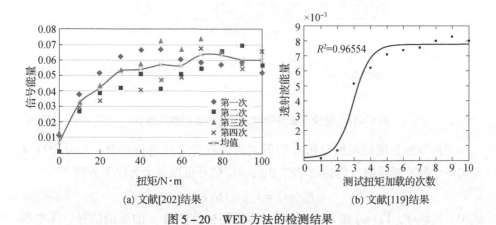

图 5-20 WED 方法的检测结果

该方法简单,Montoya 等[203]进一步将该方法扩展到连接卫星面板的直角支架中螺栓预应力监测。其实验结果显示,一些测量参数,如接收导波信号的时间窗口等,对测量的灵敏度和可重复性有重要影响。

5.3.2 时间反转监测方法

由于导波的多模态、频散及散射特性,透过螺栓连接部后,导波信号非常复杂,为此 Fink 等[110]将时间反转法(Time Reversal,TR)应用到导波监测技术中。因此,Wang 等[114]、Parvasi 等[95]分别提出采用时间反转法对通过螺栓连接部的导波信号进行聚焦,然后利用聚焦信号的峰值作为预紧力检测的拧紧指标。

螺栓预紧力的时间反转监测方法可以分为以下四个步骤,如图 5-21 所示。步骤 1,将一个窄频脉冲信号 $V_A(t)$ 施加到压电传感器 A,该压电传感器激励出超声导波;步骤 2,由压电传感器 B 接收导波响应信号 $V_B(t)$;步骤 3,将接收到的信号在时域上反转并且使用压电传感器 B(或 A)重新激励;步骤 4,通过压电传感器 A(或 B)再次接收导波信号,这样原始的输入信号可以被重建,然后重建信号的峰值可以被用作预紧力检测。上述信号峰值直接反应了透射导波的能量，不需要像 WED 方法一样为接收信号时间窗口的选择花费努力。可以看出，时间反转方法可以有效地减小导波的频散、多模态等的影响。

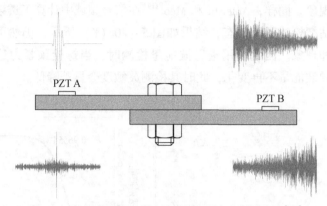

图 5-21　螺栓预紧力的时间反转导波监测示意图[115]

采用线性系统的频域分析方法可对时间反转方法进行解释。当从 PZT A 发出一个脉冲激励时，传感器 PZT B 的响应信号可以表示为以下方程[116]：

$$V_B(\omega) = V_A(\omega) G(\omega) \tag{5-26}$$

式中，$V_A(\omega)$，$V_B(\omega)$ 和 $G(\omega)$ 分别是压电陶瓷换能器 A 的激励信号、压电陶瓷换能器 B 的接收信号以及给定波导波传播路径下的系统传递函数。在步骤 3 中，时间反转的信号可以写作

$$V_B^*(\omega) = V_A^*(\omega) G^*(\omega) \tag{5-27}$$

式中，上标 * 表示复共轭运算。从 PZT A 到 PZT B 的传递函数与从 B 到 A 的传递函数相同。因此，当这个时间反转信号重新从 PZT B 发射到 A 后，PZT A 接收到的重建信号是：

$$V_{rc}(\omega) = V_A^*(\omega) G^*(\omega) G(\omega) \tag{5-28}$$

式中，$G^*(\omega) G(\omega)$ 被称为时间反转算子，系统传递函数在频域可以表示为

$$G(\omega) = A(\omega) e^{-ik(\omega)r} \tag{5-29}$$

式中，i、$k(\omega)$ 和 r 分别是虚数单位、模态的波数以及 A 和 B 之间的导波传播路径距离。因此，式 (5-28) 可以写作

$$V_{rc}(\omega) = V_A^*(\omega) |A(\omega)|^2 \tag{5-30}$$

此时时间反转算子中的相位因子被移除。可以发现，当传递函数幅值不依赖于频率时，重建信号的形状与时间反转原始信号的形状相同。实际上，传递函数幅值是频率依赖的，因此通常使用窄带输入信号以增强时间反转进程[204]。

第 5 章 螺栓预紧力的超声导波监测

对于螺栓连接结构，两个 PZT 传感器之间传输的导波直接受到预紧力的影响。因此，随着螺栓预紧力的增加，传递函数 $G(\omega)$ 幅值也随之变化，重新聚焦信号反映了透射波的能量。相应地，通过时间反转方法获得的重建信号峰值也会同时变化，因此，时间反转方法可以用于螺栓预紧力监测。此时幅值拧紧指标 TI_A 可用下式表示

$$TI_A = \frac{V_{rct}}{V_{rch}} \tag{5-31}$$

式中　V_{rch}——健康状态下的重建信号幅值；

V_{rct}——松动状态下的重建信号幅值。

时反过程使重构激励信号失去了时间传递信息，因此无法对两次时反过程得到的重构激励信号的相位信息进行比较。

5.3.3 改进时间反转法

为了提高螺栓预紧力检测的灵敏度，杜飞等[115-116]提出了一种改进的时间反转（MTR）方法，如图 5-22 所示。在该方法中，需要从健康状态下的螺栓结构中获得一个参考重发信号（RRS），并在此基础上构建的拧紧指标即可判断螺栓松动情况。

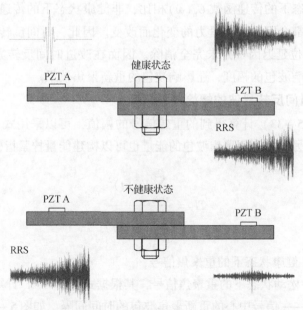

图 5-22　螺栓预紧力的改进时间反转导波监测示意图[115]

1. 基于改进时间反转的导波聚焦

改进时间反转法的步骤1、步骤2与上节中的时间反转方法相同,而其他步骤略有不同。步骤3,将响应信号在时间域内反转,并记录为该螺栓连接结构的参考重发射信号(Referenced Reemitting Signal,RRS)。步骤4,在未知预紧力时,使用传感器A(或B)激发RRS。步骤5,由传感器B接收的响应信号。如果螺栓没有松动,最终接收到的信号将在PZT B处重新聚焦。否则,最终接收到的信号将不会重新聚焦,峰值幅度会发生显著变化。因此,这个接收信号的峰值幅度可以用于预紧力检测。

该方法同样可以利用线性系统的频域分析方法进行解释。如同式(5-27),MTR方法中的RRS信号可以表示为

$$R(\omega) = V_A^*(\omega) G_h^*(\omega) \quad (5-32)$$

式中,$G_h(\omega)$是螺栓连接结构健康状态下传感器间的传递函数。由于螺栓预紧力的变化,传递函数也会随之变化。假设在螺栓松动后,传感器间的传递函数变为$G_{uh}(\omega)$,因此在步骤5中最终接收到的信号是

$$V_{rm}(\omega) = V_A^*(\omega) G_h^*(\omega) G_{uh}(\omega) \quad (5-33)$$

式中,$G_h^*(\omega) G_{uh}(\omega)$是改进时间反转(MTR)的时间反转算子。

与健康状态下的传递函数$G_h(\omega)$相比,非健康状态下的传递函数$G_{uh}(\omega)$的幅度和相位都会因螺栓预紧力的变化而改变。因此,时间反转算子$G_h^*(\omega) G_{uh}(\omega)$中的相位延迟因子并未完全消除。因而在改进时间反转方法中,螺栓预紧力不仅影响波包的幅度,还影响波包的重新聚焦效果。

2. 改进时间反转导波的螺栓拧紧指标

利用式(5-33)计算得到的重建信号的幅值,可以采用式(5-31)计算拧紧指标。另外,利用聚焦波包的能量也可以构建能量拧紧指标

$$TI_E = \frac{\sum_{t=t_2}^{t_3} V_{rm}(t)^2}{\sum_{t=t_2}^{t_3} V_{rch}(t)^2} \quad (5-34)$$

式中 V_{rch}——健康状态下的重聚焦信号;

V_{rm}——松动状态下的重聚焦信号,其根据式(5-33)计算得到;

t_2和t_3——信号中心的重新聚焦波包的时间间隔,如图5-23所示。

第 5 章 螺栓预紧力的超声导波监测

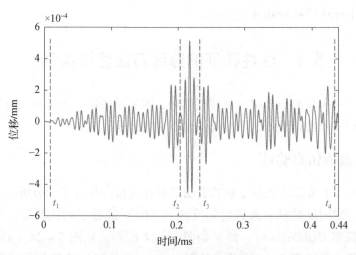

图 5 – 23 重聚焦信号的时间间隔

利用式 (5 – 33) 获得信号的重新聚焦能力,也可以定义新的拧紧指标 TI_r。TI_r 是重新聚焦波包能量与整个最终接收波信号能量的比例,它可以写成[115]

$$TI_r = \sqrt{\frac{\sum_{t=t_2}^{t_3} V_{rm}(t)^2}{\sum_{t=t_1}^{t_4} V_{rm}(t)^2}} \quad (5-35)$$

式中 $V_{ret}(t)$ 是通过式 (5 – 33) 最终接收到的波信号,t_1 和 t_4 定义了整个最终接收波信号的时间间隔,如图 5 – 23 所示。TI_r 的值越高,表示重新聚焦能力越差,意味着螺栓预紧力越低。同时,拧紧指标 TI_E 可以不需要基线信号计算,所提出的方法降低了对基线信号的要求。但是需要与标准扭矩下的拧紧指标进行对比,以确定松动扭矩。

在利用上述方法进行螺栓监测时,具体步骤如下:

(1) 在被测螺栓的连接界面两端分别粘贴压电元件,分别作为激励和接收导波信号。

(2) 通过采用波能耗散法、试件反转法或者改进时间反转法对信号进行处理,并计算拧紧指标。

(3) 在多个螺栓扭矩工况下进行多次重复实验,得到拧紧指标数据库。

(4) 螺栓监测时，通过数据库对被测结构中采集计算得到的拧紧指标进行分类，由此估计螺栓扭矩的大小。

5.4 线性特征的监测方法验证实例

本节针对本章前面介绍的波能耗散法、时间反转法、改进时间反转法采用数值仿真和实验进行验证，以对比不同方法的效果。

5.4.1 数值仿真验证

采用5.2.1节提出的基于显式算法的螺栓连接结构有限元分析，对上述波能耗散法、时间反转法、改进时间反转（MTR）进行了对比验证。当采用激励信号的频率为200kHz时，结果如图5-24所示。从图5-24（a）可以看出，在预紧力降低到2N·m时，采用MTR方法得到的重聚焦信号明显小于TR方法得到的重聚焦信号。从图5-24（b）中可以看出，提出的MTR方法得到的拧紧指标灵敏度高于VTR和WED方法得到的拧紧指标。同时可以看出，对于MTR方法，采用能量拧紧指标TI_E的效果较好。

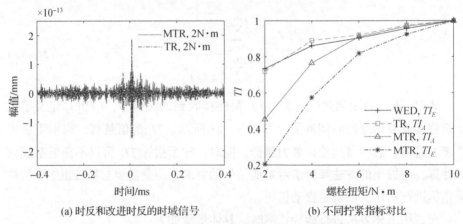

(a) 时反和改进时反的时域信号　　(b) 不同拧紧指标对比

图5-24　不同松动监测方法的结果对比

进一步对比了采用不同模态导波激励，由MTR方法得到的不同拧紧指标的结果，如图5-25所示。从图中可以看出，采用A_0模态激励时，对于螺栓松动更为灵敏。

第5章 螺栓预紧力的超声导波监测

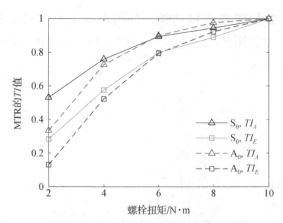

图 5-25 不同模态下 MTR 方法得到的幅值和能量拧紧指标

5.4.2 螺栓松动监测实验

本节通过实验验证上述波能耗散法、时间反转法和改进时间反转法的螺栓预紧力监测效果。

1. 实验设备及步骤

实验装置和试件如图 5-26 所示,使用分辨率为 0.2N·m 的扭矩扳手施加螺栓载荷。使用 M8 螺栓连接 5052 的铝板。采用 16N·m 作为完全拧紧的扭矩,手紧对应于松动状态。使用多功能数据采集系统 NI USB-6366 生成和记录超声导信号。采样频率为 2MHz。选择电压放大器 PINTEK HA-400 来放大激励信号。PZT-5H 压电陶瓷传感器（PZT）粘贴在螺栓两侧,并用作激励器和传感器。

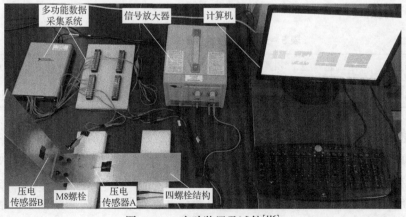

图 5-26 实验装置及试件[116]

测量了两个 L 形螺栓连接结构，分别命名为单螺栓结构和四螺栓结构[116]。试件的尺寸如图 5-27 所示，在图 5-27（b）中，螺栓按 1 到 4 进行了编号。

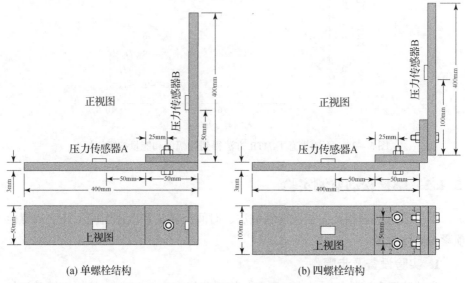

(a) 单螺栓结构　　　　　　　　　　(b) 四螺栓结构

图 5-27　试验试件示意图

对于单螺栓结构，测量了从手紧到 16N·m 的 10 个螺栓扭矩等级。对于四螺栓结构，先测量了螺栓 2 的 6 个扭矩等级，从手紧到 16N·m。此时，螺栓 1、3 和 4 的扭矩都是 16N·m。然后测量了不同数量的松动螺栓，并在表 5-1 中显示了相应的松动情况。每种螺栓扭矩测量都使用了 TR 和 VTR 方法进行比较。

表 5-1　四螺栓结构的螺栓松动情况

松动工况	1	2	3	4	5	6	7	8	9
手紧螺栓	All	2, 3, 4	1, 2, 3	1, 2	2, 3	1, 3	4	2	None

超声导波激励信号采用 3.5 周期调至正弦波作为激励，选择中心频率从 100kHz 到 300kHz，以研究频率的影响。此时在 3mm 厚的铝板上只激发了 A_0 和 S_0 模态。信号被放大到 40Vpp，并发送到 PZT A 作为激励。两种螺栓结构都被拆卸和组装了三次，以便进行重复测量。在组装前用丙酮清洁了接触面。为了消除温度的影响，实验期间的温度保持在 20℃ ±1℃。

2. 实验结果

首先是单螺栓结构的实验结果。当激励信号的中心频率为 150kHz 时，TR 和 MTR 的重聚焦结果如图 5-28 所示。

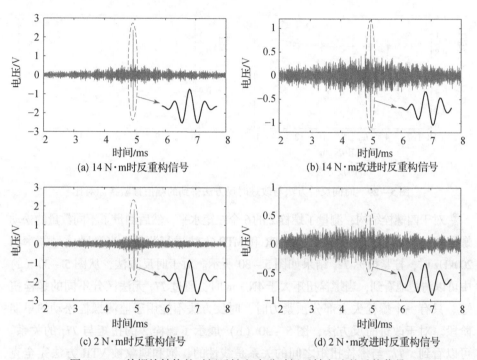

图 5-28 单螺栓结构的时间反转和改进时间反转方法的重构信号

可以看出，对于 TR 方法而言，重新聚焦的波包形状几乎与激励信号相同，如图 5-28（a）和（c）所示，即使螺栓扭矩相对较小（2N·m），也可以重建输入信号。对于 MTR 方法，图 5-28（b）和（d）中的峰值幅度分别远小于图 5-28（a）和（c）中所示 TR 方法的相应结果。同时，可以看出图 5-28（b）和（d）中重新聚焦波包的幅度随着螺栓扭矩的增加而急剧减小。另外，MTR 方法得到的重新聚焦波包的形状与激励波形有很大不同，这种差异随着螺栓扭矩的减小而增加。

对于单螺栓连接件，拧紧指标 TI_A 的结果如图 5-29 所示。在实验中，螺栓连接结构被拆卸和重新组装了三次，并分别进行了重新测量，取其均值和标准差。从图 5-29（a）中可以看到，对于 TR 方法，当施加的扭矩达到 6N·m 时，TI_A 不会随着螺栓扭矩而变化，此时无法区分不同的螺栓扭矩水平。从

图 5-29（b）中可以清楚地看到，TI_A 与螺栓扭矩之间的关系几乎是线性的，饱和现象被 MTR 方法完全克服了。这种线性关系表明该方法具有很好的测量灵敏度，特别是在螺栓松动的早期阶段。

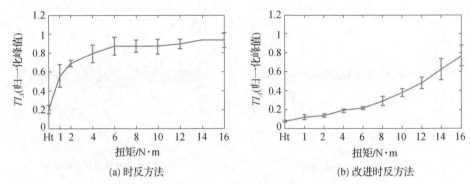

(a) 时反方法　　　　　　　　(b) 改进时反方法

图 5-29　时间反转方法与改进时反方法得到的幅值拧紧指标对比

对于四螺栓结构，测量了螺栓 2 的 6 个扭矩水平，然后测量了不同数量的松动螺栓。每种紧固状态都同时使用 TR 和 MTR 方法进行测量，当激励信号频率为 200kHz 时，拧紧指标 TI_A 结果如图 5-30 所示。对于时反方法，从图 5-30（a）中可以清楚地看到，当螺栓扭矩大于 4N·m 时，通过 TI_A 无法区分不同的螺栓扭矩。只有一个螺栓失去部分预紧力时，时反方法不能用于监测螺栓松动的早期阶段。对于改进时反方法，图 5-30（b）展示了螺栓 2 的扭矩与 TI_A 的关系。可以看到，TI_A 与螺栓扭矩之间的关系是线性的，饱和现象被 VTR 方法完全克服了。这种线性关系表明 VTR 方法在螺栓预紧力检测上具有高测量灵敏度。此外，测量的标准偏差相对较小，因此可以容易区分不同的螺栓扭矩水平。

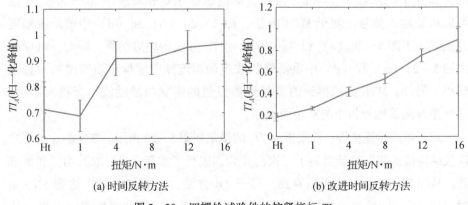

(a) 时间反转方法　　　　　　　　(b) 改进时间反转方法

图 5-30　四螺栓试验件的拧紧指标 TI_A

图 5-31 展示了表 5-1 中列出的螺栓松动工况下拧紧指标 TI_A 的变化。对于时反方法，从图 5-31 (a) 可以观察到，随着松动螺栓数量的增加，TI_A 显著下降。尽管工况 4、5 和 6 都是 2 个螺栓松动，但工况 4 的峰值幅度远小于工况 5 和 6。主要原因是工况 4 中的松动螺栓（螺栓 1 和 2）位于支架直角的同一侧，而工况 5 和 6 中的松动螺栓位于直角的两侧，这会对螺栓界面间的能量传递有显著影响。对于改进时反方法，从图 5-31 (b) 可以观察到，当有一个螺栓松动时，拧紧指标会有很大的变化，但随着松动螺栓数量的增加，峰值幅度缓慢减小。主要原因是当有 1 个或更多松动的螺栓时，MTR 方法几乎失去了其重新聚焦的能力。

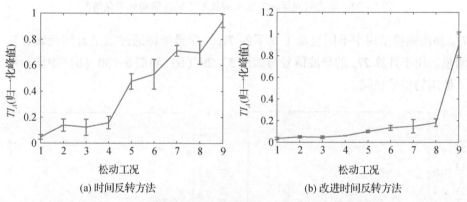

(a) 时间反转方法　　　　　　(b) 改进时间反转方法

图 5-31　四螺栓试验件不同松动工况下的拧紧指标 TI_A

3. 频率影响

超声频率对于监测灵敏度有重要影响，为此对比了不同频率下改进时反方法得到的拧紧指标变化情况，分别对比了 100~300kHz 时 5 个激励频率。此时单螺栓结构的螺栓预紧力以及四螺栓结构中螺栓 2 的预紧力使用不同频率的改进时间反转方法进行了检测，结果如图 5-32 (a) 和 (b) 所示。可以看出，所有频率获得的 TI_A 随着螺栓预紧力的增加而增加，它们之间的关系大体上是线性的。因此，100~300kHz 的频率都可以用于预紧力的检测。从图中也可以看出，灵敏度也随着频率的增加而提高。因此，更高的频率对测量更为有利。

4. 不同拧紧指标对比

采用能量拧紧指标式 (5-34) 进行了计算，结果如图 5-33 所示。图 5-33 (a) 和 (b) 分别展示了单螺栓结构中螺栓的 TI_E、四螺栓结构中螺栓 2 的

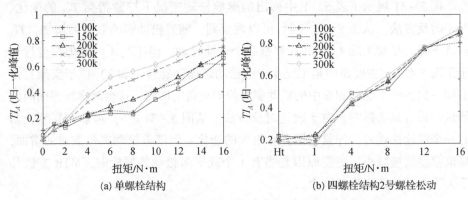

图 5-32　改进时间反转方法不同频率下的拧紧指标变化情况

TI_E 和四螺栓结构中不同松动工况下的 TI_E。拧紧指标通过改进时间反转方法测量。用于计算 TI_E 的导波信号与如图 5-29（b）和图 5-30（b）中所示结果使用的信号相同。

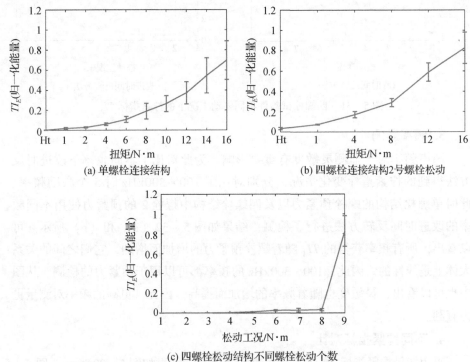

图 5-33　改进时间反转方法的能量拧紧指标 TI_E

从图中可以看出，与幅值拧紧指标 TI_A 相比，在螺栓松动初期 TI_E 曲线的斜率较大，表明其灵敏度较高，这与如图 5-24 和图 5-25 所示的仿真结果一致。另一方面，对于单螺栓连接试件而言，TI_E 的标准差略大于的 TI_A 标准差。

当全部采用 200kHz 频率的导波激励，采用式（5-35）计算拧紧指标，结果如图 5-34 所示。注意，该拧紧指标不需要和健康状态下的结果进行对比，降低了对于健康状态的依赖。

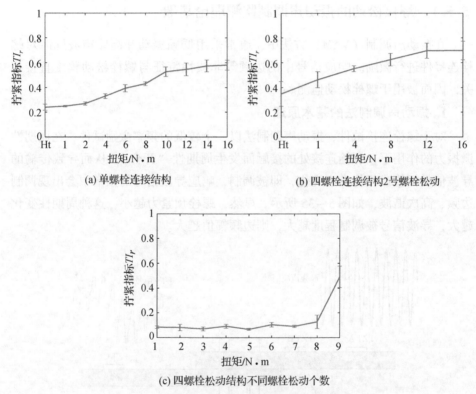

(a) 单螺栓连接结构

(b) 四螺栓连接结构2号螺栓松动

(c) 四螺栓松动结构不同螺栓松动个数

图 5-34　改进时间反转方法的聚焦能力拧紧指标 TI_r

从图中可以看出，聚焦能力拧紧指标 TI_r 相对于其他拧紧指标的标准差较小，同时其随螺栓预紧力基本成线性变化，且能够直接反映出多螺栓结构中是否存在松动螺栓。但是对于单个螺栓的早期松动，其灵敏度比 TI_E 和 TI_A 相对较差。

5.5 超声导波监测的非线性方法

利用螺栓连接结合面的非线性效应可以实现螺栓松动监测,与之相对应,前面所提到的监测方法依赖于线性特征。振动声调制方法是常用的非线性检测方法,本节介绍基于振动声调制的螺栓松动检测方法,并对比不同的非线性拧紧指标。

5.5.1 螺栓松动的振动声调制监测理论基础

在振动声调制(VAM)方法中,通常采用低频振动和高频声波同时对螺栓连接件进行激励。响应信号中的边频等非线性特征与螺栓松动程度直接相关,因而被用于螺栓松动监测。

1. 振动声调制法的基本原理

对于螺栓连接试件,振动声调制法以一个较低的频率激励试件,在周期性激振力的作用下,螺栓连接处的接触面发生周期性"开合",从而导致传输的导波信号幅值或相位发生变化,即被调制,响应导波信号的频谱中会出现调制边频、高次谐波,如图 5-35 所示。显然,螺栓预紧力越小,这种周期性变化越大,导波信号被调制程度越大,则边频幅值越大。

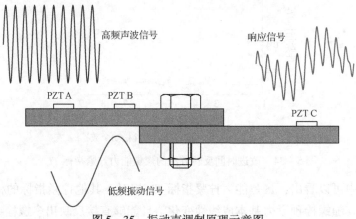

图 5-35 振动声调制原理示意图

振动声调制现象可以利用以下公式进行解释[205],设高频超声和低频振动激励下的应变为:

$$\varepsilon_1 = A\sin(2\pi f_1 t) \tag{5-36}$$

$$\varepsilon_2 = B\sin(2\pi f_2 t) \tag{5-37}$$

式中 A、B——高频超声和低频振动的振幅；

f_1 和 f_2——高频和低频的频率；

材料中质点的振动遵循胡克定律，并考虑 ε_1 和 ε_2 同时作为输入：

$$\sigma = K(A\sin(2\pi f_1 t) + B\sin(2\pi f_2 t)) \tag{5-38}$$

式中 K——刚度系数，当出现接触非线性缺陷时，刚度系数 K 则会表现出非线性：

$$K(\varepsilon) = a_0 + a_1\varepsilon + a_2\varepsilon^2 + a_3\varepsilon^3 + \cdots + a_n\varepsilon^n \tag{5-39}$$

将式（5-39）带入式（5-38）中，并仅考虑 a_0 和 a_1，可得：

$$\sigma = a_0 A\sin(2\pi f_1 t) + a_0 B\sin(2\pi f_2 t) + \frac{1}{2}a_1 A^2[1 - \cos(4\pi f_1 t)]$$

$$- a_1 AB\cos(2\pi(f_1 + f_2)t) + a_1 AB\cos(2\pi(f_1 - f_2)t) + \frac{1}{2}a_1 B^2[1 - \cos(4\pi f_2 t)]$$

$$\tag{5-40}$$

从式（5-40）可以看出经过螺栓后的声波频谱中出现的 $f_1 + f_2$ 和 $f_1 - f_2$ 的为调制边频，螺栓松动程度越高，则非线性效应越显著。从上式可以看出，除了边频，还会产生高次谐波。实际上，非线性还会产生 $f_1 - 2f_2$、$f_1 + 2f_2$ 二阶及高阶调制边频，同时还会在高次谐波处出现调制边频，如图 5-36 所示。

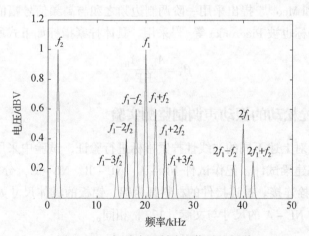

图 5-36 振动声调制响应信号的频谱

2. 振动声调制法的拧紧指标

针对螺栓松动监测，国内外学者为计算接收信号的调制信息，大多对信号进行傅里叶变换，并利用调制频率的幅值定义螺栓拧紧指标，表征调制强度，从而建立拧紧指标与螺栓预紧力间的关系，为螺栓紧固度的评估提供依据。

针对螺栓松动监测，Zhang 等[108]提出了包含频谱边频特性和高频导波幅值的拧紧指标

$$\beta_1 = \frac{A_L + A_R}{2} - HF \tag{5-41}$$

式中 A_L——左侧调制边频 $f_1 - f_2$ 的幅值；

A_R——右侧调制边频 $f_1 + f_2$ 的幅值；

HF——高频激励信号 f_1 幅值。

罗志伟[206]提出采用前三阶边频幅值之和作为总的边频幅值，并将边频幅值与高频幅值之比的拧紧指标

$$\beta_2 = \frac{\sum_{i=1}^{3}(A_{Li} + A_{Ri})}{HF} \tag{5-42}$$

式中 A_{Li}——左侧 1-3 阶调制边频的幅值；

A_{Ri}——右侧 1-3 阶调制边频的幅值。

Amerini 和 Meo[119]提出采用一阶调制边频之和与高频信号幅值之比作为拧紧指标，该指标也被 Pieczonka 等[207]采用，具体拧紧指标如下式所示：

$$\beta_3 = \frac{A_L + A_R}{HF} \tag{5-43}$$

5.5.2 螺栓松动的振动声调制监测实验

通过试验对上述不同的非线性拧紧指标进行验证，试验中采用了三个不同尺寸的铝板搭建梁试件，记作试件 NL-A、NL-B、NL-C，分别采用 M10、M8、M6 的螺栓连接。被连接件的材料都为铝，铝板的具体尺寸如图 5-37 所示。其中试件 NL-A 的尺寸与文献 [122] 相同。

第5章 螺栓预紧力的超声导波监测

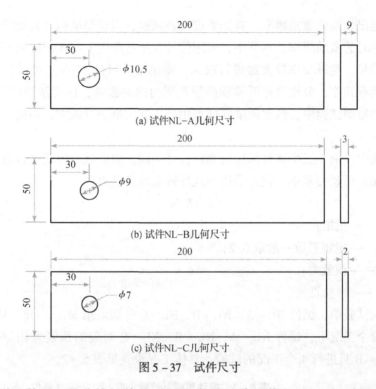

图 5-37 试件尺寸

激励连接界面的非线性特征需要很大的导波幅值，因而对于低频振动激励，Zhang 等[108]采用激振器进行激励，提供足够大的幅值。然而激振器体积大，不便在结构健康监测中应用。为此，Amerini 和 Meo[119]提出采用压电陶瓷传感器以及功率放大器激励低频振动。

本试验中采用 NI 5413 波形发生器产生激励信号，采用功率放大器 PINTEK HA-400 放大信号，采用 NI 5105 对信号进行采集。试验前需要在试件螺栓连接两侧粘贴 PZT 压电陶瓷片，以激励和接收信号。对于低频振动信号激励，压电陶瓷片需要接近螺栓连接部。此时在每个试件中共粘贴了三个压电陶瓷传感器，其中两个在螺栓的一侧，分别激励高频和低频信号。试件 NL-A 上粘贴的压电陶瓷片如图 5-38 所示。

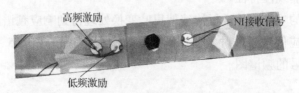

图 5-38 试件 NL-A 实物图及压电传感器位置

为选出合理的激励频率,首先要进行预试验,以获得结构的共振峰,以此作为监测时的激励频率。本节中,采用信号发生器产生 1~100kHz 频率范围内的扫频信号,经过功率放大器进行放大,激励幅值可达 150V。通过扫频可得结构的固有频率,分别选择低频和高频范围内的共振峰,作为激励信号频率。在随后的监测试验中,低频激励同样采用电压放大器进行放大,高频激励信号则未放大。

试验中,由于三个试件采用的螺栓尺寸不同,因此试验中通过合理设置扭矩,确保其预紧力基本一致。采用下式计算螺栓预紧力:

$$T = KFd \tag{5-44}$$

式中 T——扭矩;

K——扭矩系数一般取 0.2;

F——预紧力;

d——螺栓直径。

本次试验中,试件 NL-A、NL-B、NL-C 分别采用 M10、M8、M6 型号螺栓。每个工况下,试件 NL-A、NL-B、NL-C 对应的预紧力相等。其中试件 NL-B 只进行 4 个工况的试验。具体工况设置见表 5-2。

表 5-2 振动声调制试验工况　　　　　　　　(单位：N·m)

试件	工况 1	工况 2	工况 3	工况 4	工况 5
NL-A	5	10	15	20	25
NL-B	4	8	12	16	
NL-C	3	6	9	12	15

5.5.3 振动声调制监测试验结果

图 5-39 所示为试件 NL-A 在扭矩为 5N·m 时的响应信号,从时域结果中难以看出其非线性特征。

将采集到的响应信号进行快速傅里叶变换处理得到响应频谱图。为降低噪声,在计算响应信号频谱时,经过了 32 次平均值降噪。如图 5-40 所示为试验样件响应信号的频谱图。

第 5 章 螺栓预紧力的超声导波监测

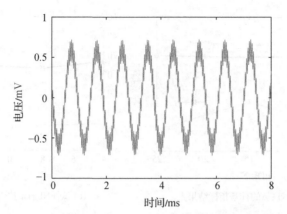

图 5-39 试件 NL-A 在 5N·m 扭矩下的时域信号图

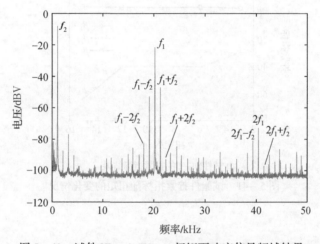

图 5-40 试件 NL-A 5N·m 扭矩下响应信号频域结果

从图 5-40 中可以非常清晰地看到三个试件在振动声调制试验中产生的边频调制现象，同时还可以看出激励信号的二次谐波。

根据频谱图中所得边频和高频幅值，分别利用式（5-41）、式（5-42）和式（5-43）计算拧紧指标，得到了三个试件的非线性拧紧指标随扭矩变化的结果，如图 5-41 所示。

从图 5-41 可以看出，拧紧指标 β_2、β_3 对于螺栓松动并不敏感，并未随着扭矩的变化而单调变化，β_1 对于试件 NL-A、NL-B 和 NL-C 的螺栓松动较为敏感，特别是对于试件 NL-B 拧紧指标随扭矩而线性降低。

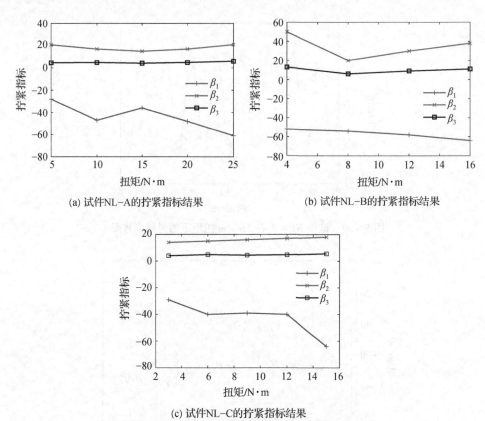

(a) 试件NL-A的拧紧指标结果

(b) 试件NL-B的拧紧指标结果

(c) 试件NL-C的拧紧指标结果

图 5-41　试验件拧紧指标随扭矩的变化情况

螺栓松动的深度学习导波监测

第 6 章

螺栓松动的深度学习导波监测

近年来，深度学习（Deep Learning，DL）技术得到了飞速发展，被广泛应用于计算机视觉、图像识别和自然语言处理等领域，表现出强大的特征提取和模式识别能力[208]。对于复杂的多螺栓连接结构，螺栓发生松动时导波信号变化较为复杂，为螺栓松动监测带来了挑战，采用深度学习技术有望实现多螺栓复杂结构的螺栓松动准确监测。卷积神经网络具有强大的特征提取能力，同时相比全连接层、注意力机制等，卷积层可以有效地降低模型参数数量，为此本章着重介绍针对多螺栓结构、温度变化环境下的螺栓松动卷积神经网络方法。

6.1 卷积神经网络理论基础

机器学习方法在结构健康监测等领域有着广泛的应用，但是传统机器学习方法特征提取能力有限，往往依赖于人工提取的信号特征。相比之下，卷积神经网络等深度学习方法可以自动提取特征，实现端到端的检测。本节首先简要介绍卷积神经网络的基础理论。

卷积神经网络（Convolutional Neural Network，CNN）是一种具有局部连接、权重共享等特性的深层前馈神经网络，一般由卷积层、池化层和全连接层构成[209]。CNN 通过共享权值有效地减少了训练权值个数，降低了网络的复杂程度。CNN 的池化操作可以使得网络对输入的局部变换具备平移不变性和缩放不变性，使得网络具备一定的鲁棒性和泛化能力[74]。

6.1.1 卷积操作

在图像处理中，通常使用二维卷积，此时卷积层的输入特征映射为三维张

量 $X \in \mathbb{R}^{M \times N \times D}$，其中 D 为通道数，M、N 为输入图像的尺寸；输出特征同样映射为三维张量 $Y \in \mathbb{R}^{M' \times N' \times P}$，其中 P 为输出通道数，M'、N' 为输出图像的尺寸；卷积核为四维张量 $W \in \mathbb{R}^{U \times V \times P \times D}$。卷积层中输出特征 Y^p 可通过下式计算[209]

$$Y^p = \sum_{d=1}^{D} W^{p,d} \otimes X^d + b^p \qquad (6-1)$$

假设一个 4×4 的图像如图 6-1 所示，使用 2×2 的卷积核对其进行特征提取。卷积核在输入矩阵中从左上角开始依次向右向下滑移，每滑移到一个位置，将对应数字相乘并求和，即可得到一个特征图矩阵的元素。图中卷积核当前位置对应的卷积运算即为 $1 \times 1 + 0 \times 1 + 1 \times 1 + 1 \times 0 = 2$，因此特征图对应位置的元素为 2。

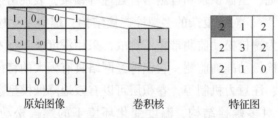

原始图像　　卷积核　　特征图

图 6-1　卷积操作示意图[210]

通过上述操作可以看出，卷积操作将周围几个像素的取值经过计算得到一个数值，使得原始特征图维度降低，但是原始图像边缘处参与的卷积运算较少，在实际应用中，可以根据实际情况对原始图像进行填充（Padding）操作，即在图像边缘处适当补 0，使得边缘处的信息得到充分利用。在卷积操作后，通常需要进一步采用非线性激活函数计算输出，即

$$Y^p = f(Z^p) \qquad (6-2)$$

式中，$f(\cdot)$ 为非线性激活函数，一般用于非线性整流单元（Rectified Linear Units，ReLU）[211]。非线性激活函数的详细介绍见第 6.1.3 节。

6.1.2　池化操作

池化层（Pooling）又称下采样，池化函数使用某一位置及附近的总体统计特征来代替网络在该位置的输出，这个过程模拟了人类从宏观的尺度模糊观察事物的方式。常用的池化方法有最大池化（Max Pooling）和平均池化（Mean Pooling）。

对于最大池化方法，池化窗口在输入矩阵中以给定步长依次向右向下滑动,以池化窗口中的最大值作为池化结果。若池化层的输入特征组为 $X \in \mathbb{R}^{M \times N \times D}$,对其中的每一个输入特征映射 $X^d \in \mathbb{R}^{M \times N}$,$1 \leqslant d \leqslant D$,将其划分为多个区域 $R_{m,n}^d$,$1 \leqslant m \leqslant M'$,$1 \leqslant n \leqslant N'$($M'$、$N'$为输出图像的尺寸),最大池化是选择这个区域神经元的最大值作为这个区域的标识,可用下式表达

$$y_{m,n}^d = \max_{i \in R_{m,n}^d} x_i \tag{6-3}$$

式中,x_i 为区域 R_k^d 内每个神经元的活性值。平均池化方法则是取窗口中所有值的平均值作为池化结果。池化操作可以降低输入特征的空间分辨率,使得网络对输入的局部变换具备平移不变性和缩放不变性,使得网络具备一定的鲁棒性和泛化能力。

下面以 4×4 的矩阵为例说明最大池化和平均池化的具体过程,如图 6-2 所示,池化窗口大小为 2×2,滑移步长为 2,则滑移 4 次即可完成池化操作,池化后矩阵维度降为 2×2。

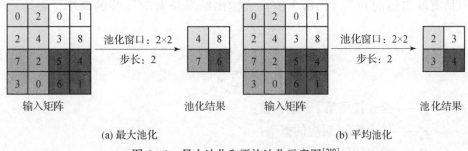

(a) 最大池化   (b) 平均池化

图 6-2 最大池化和平均池化示意图[210]

6.1.3 激活函数

激活函数在神经元中起着极其重要的作用,阶跃函数是一种理想的激活函数类型,它可以仅将输入值映射为"0"或"1"两种情况,"1"相当于生物神经元中的兴奋,而"0"类似于生物神经元受到抑制。然而,阶跃函数存在明显的缺陷,它不连续且不光滑,而 Sigmoid 函数则克服了这一问题,它具有连续性好、可导的特点,如下式所示:

$$\text{Sigmoid}(x) = \frac{1}{1+e^{-x}} \tag{6-4}$$

但是 Sigmoid 激活函数容易在左右两端饱和,进而导致神经网络梯度消失,因此目前的 CNN 结构多采用 ReLU 激活函数,缓解了梯度消失问题[209],如下式所示:

$$\text{ReLu}(x) = \max(0, x) \tag{6-5}$$

6.1.4 全连接层

全连接层也称为线性层,主要用做线性变换,可用下式表示:

$$y = w^{\mathrm{T}} x + b \tag{6-6}$$

式中 w——权重向量;
b——偏置;
x——输入向量。

权重向量和偏置均为可学习参数。

当全连接层作为中间层时,其后面通常连接激活函数。全连接层通常作为卷积神经网络的输出层。当全连接层作为分类问题的输出层时,通常会在线性全连接层后采用 Softmax 激活函数,将一系列输出值映射到 (0, 1) 区间,并且所有输出值的和为 1,每个值代表输出结果是对应标签的概率,表达式如下:

$$p_i = \frac{\mathrm{e}^{y_i}}{\sum_{i=0}^{C} \mathrm{e}^{y_i}} \tag{6-7}$$

式中 y_i——全连接层第 i 个输出值;
p_i——输出值 y_i 对应的概率;
C——类别数量。

6.1.5 损失函数

损失函数主要用来评估模型的预测值与真实值之间的差异程度。损失函数越小,预测值与真实值之间的差异越小。对于分类问题,损失函数通常会采用交叉熵损失函数(Cross-entropy loss function),其表达式如下:

$$L_{cr} = -\frac{1}{N} \sum_{n=1}^{N} \sum_{c=1}^{C} y_{nc} \log(p_{nc}) \tag{6-8}$$

式中 N——样本数量;
y_{nc}——类别标签(one-hot 向量),向量中如果该类别和样本 n 的类别相同就是 1,否则是 0;
p_{nc}——对于观测样本 n 属于类别 C 的预测概率。

对于回归问题,通常采用均方误差损失函数(Mean Square Error, MSE),

其表达式如下：

$$L_{\text{mse}} = \frac{1}{N}\sum_{n=1}^{N}(y_i^r - y_i)^2 \tag{6-9}$$

式中　y_i——式 x 中全连接层第 i 个预测值；

　　　y_i^r——对应的真实值。

针对损失函数可以进一步利用反向传播算法（Back Propagation）计算梯度，并结合优化算法如随机梯度下降（Stochastic Gradient Descent，SGD）等对网络参数进行优化。

6.2　基于卷积神经网络的多螺栓松动导波监测

在航空航天结构中，常常采用螺栓组连接不同的结构。依赖于拧紧指标的超声导波方法，对于螺栓组中松动监测有一定难度。利用深度学习，可以自动学习螺栓连接的导波信号特征，实现"端到端"的监测，从而提高螺栓预紧力监测任务的效率和准确率。本节针对这一问题提出了基于卷积神经网络的螺栓松动监测方法，并以一个 24 螺栓连接组为研究对象进行了实验验证[212]。

6.2.1　导波信号预处理方法

超声导波信号实际为一维数据序列，对数据进行归一化可以提高训练效率及网络泛化性能，因此需要将每个超声信号利用最大最小值归一化方法（Min - Max Normalization）进行归一化[130]，如下式所示，这样将数值控制在 0~1。

$$\hat{v}(t) = \frac{v(t) - \min(v(t))}{\max(v(t)) - \min(v(t))} \tag{6-10}$$

由于 CNN 常采用二维图片作为输入，因此在导波信号归一化后通常需要将其转化成为二维数据。将一维数据转换为二维数据通常采用时频分析等方法，然而时频分析方法多，时频分辨率不一，常用的时频分析方法在转换为二维时频图后，会存在模糊。为此，本书采用 HanKel 矩阵来实现一维导波数据到二维矩阵的转换[150]，转换方式见下式，原始长度为 $2n-2$ 的一维序列被转换成 $n \times n$ 的二维矩阵，这种方式可以保证原始一维信号中相邻元素在二维图形中仍旧保持上下左右的连续性和相关性，有助于卷积操作进行特征提取。

$$H_n = \begin{pmatrix} a_0 & a_1 & \cdots & a_{n-1} \\ a_1 & a_2 & \cdots & a_n \\ \vdots & \vdots & \ddots & \vdots \\ a_{n-1} & a_n & \cdots & a_{2n-2} \end{pmatrix} \quad (6-11)$$

式中　H_n——$n \times n$ 的 HanKel 矩阵；

a_i——一维导波数据序列中第 i 个元素，$i = 1, 2, \cdots, 2n-2$。

最后将上述矩阵转换为灰度图，以此作为卷积神经网络的输入，这样，在一幅图像中，上下、左右相邻的像素具备一定的连续性以及相关性。得到的灰度图示意如图 6-3 所示。

图 6-3　灰度图示意图

6.2.2　螺栓松动识别的卷积神经网络结构

在对螺栓组进行检测时，通常会采用多个激励和采集通道。为此，在输入卷积神经网络时将多通道传感器信息进行融合，每个传感器所采集到的的信号都分别转为一个灰度图像，其效果相当于 n 维图像，再将该 n 维图像作为卷积神经网络的输入[130]，如图 6-4 所示。

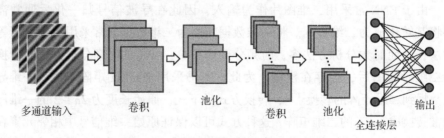

图 6-4　导波监测卷积神经网络示意图

第6章 螺栓松动的深度学习导波监测

本节提出了卷积神经网络结构 GWBNet（Guided Wave Bolt Net），用于实现基于多传感器信息的超声导波结构损伤识别。GWBNet 是一个7层的 CNN 网络，网络结构如图6-5所示，该网络由3个卷积层和2个最大池化层以及2个全连接层组成，其参数总量约59MB。作为对照组，将经典的 AlexNet[213] 网络结构修改成多通道输入 CNN，与 GWBNet 网络进行性能对比，其参数量为 233MB。

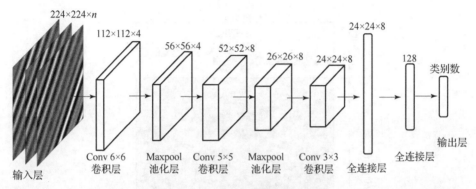

图6-5 GWBNet 网络结构示意图

GWBNet 的输入图像尺寸为 $224 \times 224 \times n$，n 为输入通道数，也代表所选传感器数。由于图片尺寸较大，第一个卷积层的卷积核尺寸设置为6，卷积输出通道数为4。经过第一个卷积操作后，图像变为 $112 \times 112 \times 4$，然后对其进行最大池化，池化窗口大小为 2×2，此时图像尺寸变为 $56 \times 56 \times 4$。第二个卷积层输入通道数为4，输出通道数为8，池化窗口大小为 2×2，此时图像尺寸变为 $26 \times 26 \times 8$。第三层卷积输入和输出通道数均为8，卷积之后尺寸变为 $24 \times 24 \times 8$。之后，经过2个线性全连接层之后，输出每个类别的概率。在该 CNN 结构中，卷积层和全连接层之后均采用 ReLU 函数作为神经元之前的激活函数。

采用预训练的 AlexNet 网络以进行对比。由于 AlexNet 网络参数量过于庞大，需要很大的数据量才能使网络得到充分训练，而结构损伤检测中很难获取大量的实验数据，因此，为了使得其网络参数得到充分的训练，采用在 ImageNet 数据集上已经训练好 AlexNet 模型，并将其卷积层和池化层的参数进行冻结，在导波数据集上训练新的全连接线性层。

6.2.3 多螺栓松动的卷积神经网络检测实验

本节以一个多螺栓连接组实验件为研究对象展开超声导波松动检测实验，

对上述两种模型分别展开验证。

1. 实验设置

本节的实验对象为一个由 14 个 M6 螺栓连接的搭接板，两块平板尺寸均为 380mm×600mm×3mm，搭接区域长度为 80mm，该试件也称为试件 DL-A。其中，平板材料为铝 2024，螺栓均为 M6 标准件，强度等级为 8.8，压电片型号为 P5-1，直径为 8mm，实验件尺寸和压电片粘贴位置如图 6-6 所示。

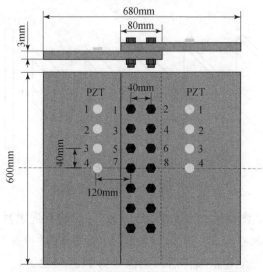

图 6-6 卷积神经网络实验件 DL-A 示意图

本次实验仅考虑该实验件的上半部分区域，即图 6-6 中 1~8 号螺栓发生松动，其余螺栓始终保持拧紧状态。实验中以 8N·m 为标准扭矩，松动后扭矩为 2N·m，每次松动一个螺栓，共设置 8 个工况，第 9 个工况为全部螺栓为标准扭矩，如表 6-1 所列。实验中依次激励左侧 1~4 号激励压电片，右侧 1~4 号压电片接收超声导波信号，即每组实验可得到 16 条不同传播路径的超声导波信号。

表 6-1 实验工况设置

螺栓编号 工况	1号	2号	3号	4号	5号	6号	7号	8号
1	2N·m	8N·m	8N·m	8N·m	8N·m	8N·m	8N·m	8N·m
2	8N·m	2N·m	8N·m	8N·m	8N·m	8N·m	8N·m	8N·m

续表

螺栓编号 工况	1号	2号	3号	4号	5号	6号	7号	8号
3	8N·m	8N·m	2N·m	8N·m	8N·m	8N·m	8N·m	8N·m
4	8N·m	8N·m	8N·m	2N·m	8N·m	8N·m	8N·m	8N·m
5	8N·m	8N·m	8N·m	8N·m	2N·m	8N·m	8N·m	8N·m
6	8N·m	8N·m	8N·m	8N·m	8N·m	2N·m	8N·m	8N·m
7	8N·m	8N·m	8N·m	8N·m	8N·m	8N·m	2N·m	8N·m
8	8N·m	8N·m	8N·m	8N·m	8N·m	8N·m	8N·m	2N·m

在常温下展开实验，每种工况重复55组，则8种工况共计可得到440组数据。实验中激励信号采用汉宁窗调制的中心频率为200kHz正弦信号，采样频率20MHz。

2. 数据处理

本次实验数据预处理的流程如图6-7所示，共分为以下六个步骤。

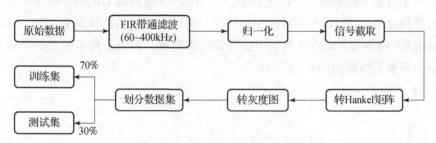

图6-7 导波数据预处理流程图

（1）将实验采集到的信号进行带通滤波去除噪声；

（2）依据式（6-10）对数据进行归一化处理；

（3）依据超声导波在铝板中传播的距离与频散曲线估算出信号到达接收压电元件的时间来截取直达波信号；

（4）将截取后的一维信号利用式（6-11）转换成为二维 HanKel 矩阵；

（5）将二维 HanKel 矩阵转换为灰度图像，以此作为特征图片；

（6）对所有信号进行上述处理后划分数据集，随机取其中的70%作为训练集，剩余30%作为测试集。

利用上述方法，制作了数据集，包括训练集和验证集。

3. 模型训练策略

对于本节的 CNN 结构，训练网络时所使用的超参数见表 6-2，采用交叉熵函数作为损失函数，选用 Adam 优化器对网络进行优化，学习率 $l_r = 0.0001$，批数量为 10，共计训练 200 个周期。

表 6-2 CNN 超参数表

超参数	数值
批数量（Batch Size）	10
训练周期（Epoch）	100
学习率	0.0001
优化器	Adam
损失函数	交叉熵损失

6.2.4 结果分析与讨论

由于有四个检测通道，因此将多通道 AlexNet 模型和 GWBNet 模型的输入通道数修改为 4，即可开展本次分类任务。将四个通道的数据集分别放入多通道 AlexNet 网络和 GWBNet 网络中进行训练和测试，并记录模型分类的准确率和损失函数，结果如图 6-8 所示。

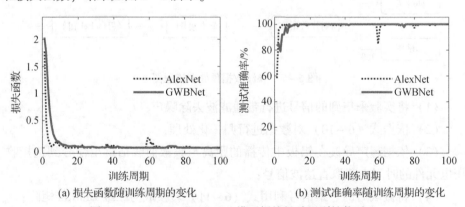

(a) 损失函数随训练周期的变化　　(b) 测试准确率随训练周期的变化

图 6-8 GWBNet 和 AlexNet 模型螺栓松动识别性能对比

从图 6-8 可以看出，针对此次分类任务两个网络都取得了较好的结果，不到 20 个训练周期即可收敛，两者的训练和测试准确率均达到了 100% 左右。

AlexNet 和 GWBNet 训练 100 个 Epoch 所用时间分别为 60min30s 和 6min54s，相差约 10 倍左右。

6.3 基于小样本学习的螺栓预紧力导波监测

6.3 节提出了多螺栓松动导波检测的多通道输入卷积神经网络，模型依赖于较大的训练数据量，然而在工程实际中，受各种因素的限制，很难获取大量实验数据。与之相反，人类只需要很少的数据就能快速学习到一些规律，例如从未见过北极熊和企鹅的人，看几张企鹅和北极熊的照片，很快就可以知道如何辨别两者。所以发展一种只需要少量样本即可实现深度学习任务的技术显得尤为重要。在这样的背景下，小样本学习（Few Shot Learning，FSL）技术应运而生。

本节探索小样本学习方法在导波螺栓松动监测中的应用，具体围绕典型的螺栓连接松动监测问题，从深度学习数据增强方法、基于改进距离函数的小样本学习等方面开展研究工作，为进一步发展小样本学习的应用领域和发展可靠、可用的结构损伤监测方法奠定技术基础。

6.3.1 小样本学习理论基础

小样本学习技术是指当新的类别只有少量带标签的样本时，已经学习到的旧类别可以帮助预测新类别[214]，这一技术可以有效减少训练深度模型所需的数据量。小样本学习技术目前在图像识别等领域研究和应用广泛。小样本学习方法可分为基于度量学习（Metric–Learning）、基于元学习（Meta–Learning）和基于微调（Fine–Tuning）三类。

1. 微调方法

基于微调的小样本学习方法，也称为迁移学习方法。基于微调的方法通常分为两步：第一步在大规模的源域数据集上预训练模型，使得模型具有良好的分类性能；第二步将神经网络模型特征提取器部分的参数进行冻结，防止过拟合，接着在目标域数据集上对新分类器的参数进行训练，对网络顶端分类器的结构进行微调，即可实现模型的迁移。由于第二步仅分类器的少量参数参与到训练过程中，因此只需少量样本即可实现网络参数的优化，达到少样本数据分类的目的。

典型的微调方法有基线法（Baseline）、基线++（Baseline++）、RFS - simple方法[214]等。这三种方法的主要区别是它们在微调阶段使用的分类器不同：Baseline方法采用一般的全连接层作为新的分类器；Baseline++方法将全连接层的输入特征与权值向量之间的标准内积替换为余弦距离；RFS - simple方法采用逻辑回归来代替全连接层作为新的分类器，并首次采用l2归一化对特征向量进行处理。基于微调的方法因原理和操作较为简单，得到了广泛应用，但是在实际应用中，目标数据集和源数据集应当尽可能的相似，否则采用这种方法会导致模型在目标数据集上过拟合，并不能取得特别好的分类效果。

2. 元学习方法

元学习的目的是让模型获得一种"学会学习"的能力，以帮助小样本任务进行学习。其基本原理是元学习器可以从辅助集上学习到一些元知识，元知识包括神经网络的初始参数、超参数等。之后，元学习器针对任务的不同进行自适应学习，使得模型在仅有少量标注样本的目标任务上快速完成优化并获得较强的泛化能力。

典型的元学习方法有MAML（Model - Agnostic Meta - Learning）[215]，MANN（Memory - Augmented Neural Networks）[216]等。MAML是第一个将元学习应用于小样本图像分类的方法，该方法试图找到神经网络中对每个任务都较为敏感的初始化参数，当模型面对新的任务时，通过梯度下降来快速微调这些参数，使模型快速收敛。

3. 度量学习方法

度量学习也叫相似度学习，它是通过一定的距离函数来计算样本间距，以此为标准去度量样本之间的相似度，从而实现样本分类。度量学习的目标是使得同类样本之间的距离尽可能缩小，不同类样本距离尽可能扩大，根据这一策略来实现样本之间的相似度学习。

经典的度量学习模型有孪生神经网络（Siamese Neural Network）[217]、匹配网络（Matching Network）[218]、原型网络（Prototypical Network）[219]等。Siamese Neural Network利用度量损失从辅助数据集上学习一个孪生网络，将其用作相似度度量模型。它们在原数据集上构造大量成对的样本，然后让样本对通过完全相同的网络结构，利用欧氏距离对从样本中学习到的特征向量进行相似性判决，然后用网络学习到的特征表示来解决目标域的小样本分类任务。Matching Network是基于长短时记忆网络（Long Short Term Memory Networks, LSTM）和注意力机制的网络模型,可以对参与训练的样本进行快速学习,对细粒度图像分类任务有很好的适应性,该网络首次采用插曲训练机制(Episodic Training Mechanism)的形式对数据进行训练。Prototypical Network 模型基于一个基本假设,即在数据集里每种类型的数据都存在一个原型。原型网络将输入图像映射成为特征向量,将属于同一类别的样本特征向量的均值作为该类别的原型,对模型不断进行训练,那么在数据集中的样本点距离哪个原型的距离最近,其属于这一原型的概率就越大。

基于度量学习的方法原理较为简单,计算速度快,逐渐成为小样本分类问题的重要分支。对于基于度量学习的小样本学习方法来说,最重要的是关注类别的相似性,因此获取样本的特征表示以及选择合适的度量函数是很重要的。

4. 插曲训练机制

小样本学习,特别是元学习、度量学习中常用插曲训练。插曲训练中通常有三类数据集:来自源域的辅助集(Auxiliary Set)A、目标域的支撑集(Support Set)S 和查询集(Query Set)Q。辅助集 A 用于训练模型,通常包含多个类别,每个类别有大量训练样本,可以帮助模型学到较好的参数。S 和 Q 共享同一个标签空间,分别对应于常规深度学习分类任务中的训练集和测试集,但 S 中的有标签样本非常稀少。如果 S 中包含 C 个类别,而每类中包含 K 个(例如,1 或 5)有标签的样本,那么将此类任务称为(C - way K - shot)任务。显然,无论使用深度神经网络还是传统的机器学习算法,每个类别中如此少量的有标签样本都几乎不可能训练有效的分类模型。因此,目前小样本学习的解决方案之一就是如何使用 A 来促进目标任务(即 S 和 Q)的学习。然而挑战在于 A 与 S 具有不同的类别空间,甚至可能与 S 有较大的差异。所以文献[218]提出了在辅助集 A 上使用"插曲训练机制",在辅助集 A 上抽样许多(C - way K - shot)插曲来模拟支持集 S 和查询集 Q 中的目标小样本分类任务,以便在训练时提高模型学习先验知识的能力和泛化能力。

插曲训练机制原理如图 6-9 所示。具体操作为,对于(C - way K - shot)小样本分类任务,训练时从辅助集中随机采样 C 个类别,每个类别中包含 K 个有标签样本作为辅助支持集;再从其余的 C 类中选取 L 个样本作为辅助查询集,辅助支持集/辅助查询集的样本数与测试时的支持集/查询集一致。一组辅助支持集/查询集便组成了一个插曲(episode),一个训练周期中多次采样构建多个插曲来训练模型。

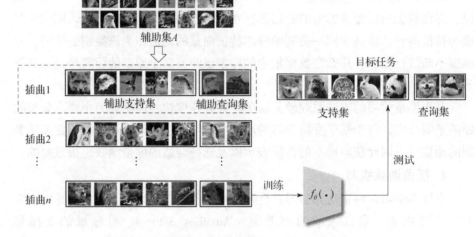

图 6-9 插曲训练机制（以 5-way 1-shot 为例）

6.3.2 基于改进原型网络的螺栓松动监测方法

本节针对导波螺栓松动监测，提出了改进原型网络模型[150]，以实现稀少数据下螺栓松动的高精度监测。在原型网络基础上，为更加充分地利用嵌入向量信息，首先使用基于注意力模型的加权欧氏距离改进距离函数；然后在模型训练过程中，为进一步增大嵌入向量类间距离并减小类内距离，引入 Davies-Bouldin 指数（Davies-Bouldin Index，DBI）修正训练时的损失函数。

1. 基于注意力模型的加权欧氏距离

原型网络直接使用支持集嵌入向量的平均值作为原型向量，测试时采用欧拉距离度量原型向量和查询样本嵌入向量间的距离。实际上，原型向量中各元素对目标任务的贡献是不同的，所以距离计算时一方面需要突出原型向量中对分类精度影响大的元素，同时要抑制对分类影响小的元素。因此，本节使用加权欧氏距离来改进原型网络的距离函数，在距离计算中引入权重来凸显原型向量中更加重要元素的影响，本节通过建立一个注意力模块来获得权重系数。使用加权欧氏距离后，距离计算可以重新写为

$$d_{\text{wed}}(z_j, c_i, w_i) = \sqrt{\sum_{u=1}^{n} w_{iu} \left| z_{ju} - c_{iu} \right|^2} \qquad (6-12)$$

式中 $w_i = \{w_{i1}, w_{i2}, \cdots, w_{iu}, \cdots\}$ ——原型向量 c_i 的权重，维度与 c_i 相同，$w_{iu} \geq 0$ 且 $\sum_{u=1}^{n} w_{iu} = 1$。

本节提出的改进原型网络的计算框架如图 6-10（a）所示[150]。模型训练和测试进程具体为：以目标小样本任务为依据，使用插曲训练机制在辅助集上训练嵌入函数 $f_\theta(\cdot)$，同时优化注意力模块中的可学习参数，以获得加权欧氏距离中的加权系数 w_i；测试时将每个支持集 S_i 中的样本输入嵌入函数，并计算相应类别的原型 c_i，将查询（测试）样本输入 $f_\theta(\cdot)$ 得到查询嵌入向量 z；最终使用基于加权欧氏距离计算查询嵌入向量与每个类原型 c_i 之间的距离，并使用 softmax 得到查询样本属于每个类别的概率。

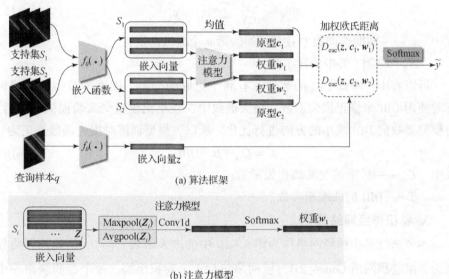

图 6-10 改进原型网络模型

使用辅助集训练时，使用注意力模块来计算权重 w_i，具体如图 6-10（b）所示。首先，将支持集第 i 类中的 K 个嵌入向量拼接起来得到一个矩阵。然后把矩阵按行进行平均池化和最大池化操作。接下来将结果合并，并输入一维卷积层中并用 Softmax 计算权重输出，该流程可由下式表示：

$$w_i = \text{Softmax}(\text{Conv1d}([\text{AvgPool}(Z_i); \text{MaxPool}(Z_i)])) \quad (6-13)$$

2. 融合 DBI 指数的损失函数

对分类任务而言，将测试样本映射到嵌入空间后，若所有样本点的类内距离越小，类间距离越大则越有利于分类。即嵌入向量的类内紧密度与类间分离度的比值应该尽可能小,该比值越小,分类效果越好。DBI 在聚类任务中是一种聚类性能度量内部指标,可以衡量类内样本间平均距离和类间中心点距离的比值[220],可以表示为

$$\mathrm{DBI} = \frac{1}{C} \sum_{i=1}^{C} \max_{i \ne j} \left(\frac{\mathrm{std}_i + \mathrm{std}_j}{d_{\mathrm{euc}}(c_i, c_j)} \right) \quad (6-14)$$

式中　C——类别数量;

　　　d_{euc}——原型 c_i 和 c_j 之间的欧氏距离;

　　　std_i 和 std_j——类别 i 和 j 的类内离散度。

std_i 由下式计算得出:

$$\mathrm{std}_i = \sqrt{\frac{1}{N_Q} \sum_{u=1}^{N_Q} |z_u - c_i|^2} \quad (6-15)$$

式中　z_u——辅助查询集 Q 中第 i 类的第 u 个嵌入向量;

　　　N_Q——第 i 类中的样本数。

可以看出,降低 DBI 的数值,有利于更好的分类,因而本节提出模型训练时使用 DBI 来修正损失函数。损失函数中在最小化模型交叉熵损失的同时,将模型参数向 DBI 减小的方向进行优化。所以,模型训练时损失函数修正为

$$\mathcal{L} = \mathcal{L}_{ce} + \beta \cdot \mathrm{DBI} \quad (6-16)$$

式中　$\mathcal{L}_{ce}$——标准的交叉熵损失函数;

　　　β——DBI 的放缩超参数。

3. 卷积神经网络模型

本节选择卷积神经网络作为图 6-10 中的嵌入函数 $f_\theta(\cdot)$,所使用网络模型为二维卷积网络 Conv4_2D,该网络包括 4 个卷积模块,每个卷积块由一个核大小为 3×3 的卷积层、一个 Batch normalization 层、一个 ReLU 激活函数和一个核大小为 2×2 的二维最大池化层组成,如图 6-11 所示。

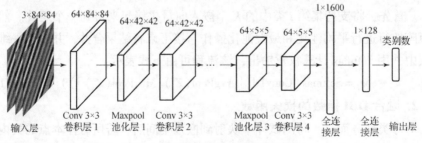

图 6-11　卷积神经网络嵌入函数

6.3.3 多螺栓松动的小样本检测试验

本节将使用提出的改进原型网络模型识别小样本情况下两个多螺栓连接试件的螺栓松动情况，然后将结果与其他常用小样本方法对比。试验中信号处理依然使用 6.2.1 节中的方式，截取特定时域中的一维导波信号并将其转化为二维图像，所以嵌入函数（特征提取器）以二维卷积为基础进行搭建。

1. 试验设置及数据预处理

本节分别以一个 24 螺栓连接试验件（试件 DL-B）和一个 4 螺栓试验件（试件 DL-C）为研究对象展开超声导波试验来验证所提出的方法。使用如图 6-6 所示的 14 螺栓连接件（试件 DL-A）的试验数据作为辅助集，24 螺栓和 4 螺栓试件的数据作为测试的支持集和查询集。

试件 DL-B 是由 24 个 M6 螺栓连接的搭接板，该试件的铝板厚度、搭接宽度、螺栓大小、间距等重要参数来源于真实飞行器结构。试件 DL-B、DL-C 的平板材料为铝 2024，单个搭接试件中的两块平板尺寸完全一致，螺栓强度等级为 8.8，螺栓两侧都贴了两个 PZT，压电片型号为 P5-1，直径 8mm。试件中使用 PZT A 激励信号，PZT B 接收导波信号。试件 DL-A、DL-B、DL-C 的尺寸、螺栓位置和数量都不相同。试件尺寸和压电片粘贴位置如图 6-12 (a) 和 (b) 所示。

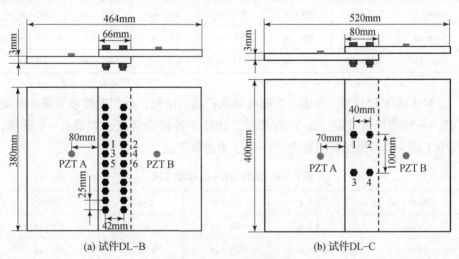

图 6-12 试验件示意图

激励信号、采样率等实验设置与6.2.3节中相同。对于试件DL-A，其工况如表6-1所列，共9种工况，对于每种工况均进行重复测量，注意此时仅使用图6-6所示的PZT 2激励，PZT 2接收通道的数据。对于试件DL-B，考虑中间红色编号的6个螺栓的松动情况，其他螺栓保持拧紧状态。对于编号的螺栓设置松动（2N·m）、和拧紧（8N·m）两种状态，共计13种松动情况，如表6-3所列，其中工况7全部螺栓扭矩都为8N·m，为健康工况。

表6-3 试件DL-B松动工况

松动工况	Bolt 1	Bolt 2	Bolt 3	Bolt 4	Bolt 5	Bolt 6
Case 1	5N·m	8N·m	8N·m	8N·m	8N·m	8N·m
Case 2	8N·m	5N·m	8N·m	8N·m	8N·m	8N·m
Case 3	8N·m	8N·m	5N·m	8N·m	8N·m	8N·m
Case 4	8N·m	8N·m	8N·m	5N·m	8N·m	8N·m
Case 5	8N·m	8N·m	8N·m	8N·m	5N·m	8N·m
Case 6	8N·m	8N·m	8N·m	8N·m	8N·m	5N·m
Case 7	8N·m	8N·m	8N·m	8N·m	8N·m	8N·m
Case 8	2N·m	8N·m	8N·m	8N·m	8N·m	8N·m
Case 9	8N·m	2N·m	8N·m	8N·m	8N·m	8N·m
Case 10	8N·m	8N·m	2N·m	8N·m	8N·m	8N·m
Case 11	8N·m	8N·m	8N·m	2N·m	8N·m	8N·m
Case 12	8N·m	8N·m	8N·m	8N·m	2N·m	8N·m
Case 13	8N·m	8N·m	8N·m	8N·m	8N·m	2N·m

对于试件DL-C，考虑4个螺栓依次松动的情况，分别设置单个螺栓松动（2N·m）和拧紧（8N·m）的状况，共计5种松动情况，如表6-4所列，其中工况5全部螺栓扭矩都为8N·m，为健康工况。

表6-4 试件DL-C松动工况

松动工况	Bolt 1	Bolt 2	Bolt 3	Bolt 4
Case 1	2N·m	8N·m	8N·m	8N·m
Case 2	8N·m	2N·m	8N·m	8N·m

续表

松动工况	Bolt 1	Bolt 2	Bolt 3	Bolt 4
Case 3	8N·m	8N·m	2N·m	8N·m
Case 4	8N·m	8N·m	8N·m	2N·m
Case 5	8N·m	8N·m	8N·m	8N·m

本节将测量得到的导波信号截取特定长度后处理为二维图像作为数据集样本,将导波信号处理为二维灰度图像的流程与6.2.1节中相同。导波信号截取 S_0 模态和 A_0 模态的直达波信号,估算后试件 DL – B、DL – C 导波均截取长度为 60μs 的信号。

2. 数据集构建

将14螺栓试件 DL – A 中测得的导波数据转化为灰度图,建立用于插曲训练的辅助集,该数据集进一步被划分为辅助训练集和辅助验证集。然后,将试件 DL – B 和试件 DL – C 中测得的导波信号转化为灰度图,分别建立支持集和查询集,用于小样本螺栓松动识别测试,几个数据集的详细信息如表 6 – 5 所列。

表 6 – 5 数据集信息

数据来源	数据集	样本数量
试件 DL – A(工况 1 – 5)	辅助训练集	5×40
试件 DL – A(工况 6 – 9)	辅助验证集	3×40 + 1×15
试件 DL – B(工况 1 – 13)	支持和查询集 B	13×20
试件 DL – C(工况 1 – 5)	支持和查询集 C	5×20

辅助训练集从试件 DL – A 松动工况 1~5 中,每类选取 40 个信号,用于训练。从试件 DL – A 的松动工况 6~8 中每类选取 40 个信号,工况 9 选择 15 个信号用于验证。注意,验证集的标签空间与训练集的标签空间不相交。在插曲训练时,从辅助训练集中抽取模拟支持集,在辅助验证集中抽取模拟查询集。

分别以试件 DL – B 和 DL – C 作为目标域,用以测试算法。对于试件 DL – B,在 5 – way 5 – shot 任务中,每个工况类别随机选择 5 个样本来构建支持集,并使用同一类中的另外 15 个信号样本作为测试集。对于 5 – way 1 – shot 任务，每个类别随机选择 1 个样本来构建支持集，并使用同一类中的另外 15 个样本作为测试集。测试时，从 13 个类别中随机抽取 5 个类别作为一个插曲。

对于试件 DL – C，在 5 – way 5 – shot 任务中，每个类随机选择 5 个样本来构建支持集，在同一类中随机选择另外 15 个样本作为测试集。对于 5 – way 1 – shot 任务，每个类随机选择 1 个样本来构建支持集，并使用同一类中的另外 15 个样本作为测试集。

3. 模型训练和超参数

分别对 5 – way 5 – shot 和 5 – way 1 – shot 任务进行验证。在式 (6 – 16) 中参数 β 选为 0.5，并通过尝试不同的值进行优化。其他超参数如学习率、Epoch 数和插曲数等也进行了优化。

对模型的插曲训练具体如下：针对 5 – way 5 – shot 和 5 – way 1 – shot 任务，选择辅助训练集中的所有 5 个类，一个插曲中每个类包含 5 个或 1 个支持样本和 15 个查询样本。一个 Epoch 中，从辅助训练集随机 15 个插曲。在该 Epoch 中，再从辅助验证集生成插曲，形成验证子循环。因此每个 Epoch 中，训练子循环用于训练模型，验证子循环用于评估模型。当验证精度最高时，保存模型。

为对模型进行测试，采用试件 DL – B、DL – C 的支撑和查询集对训练中保存的模型进行测试。每次测试共进行 50 个插曲。对于试件 DL – B，每个插曲是从 13 个工况中随机抽取 5 个类。对于 DL – C 试样，所有 5 类都被使用。最后计算 50 个测试插曲的分类准确率的均值和方差。

6.3.4 螺栓松动识别结果分析

本节将提出的改进原型网络模型[150]与原型网络 (ProtoNet)[219]和其他经典的 FSL 方法，包括基于度量学习的 MatchingNet[218]和 RelationNet[221]、基于元学习的 MAML[215]进行了比较。标准的迁移学习方法，即预训练 + 微调方法，被记为 Baseline 方法。Baseline ++ 是 Baseline 的修改版，其分类器使用了余弦距离[148]。因此，还将所提出的模型与 Baseline 和 Baseline ++ 方法进行了比较。不同的小样本学习方法使用的卷积神经网络模型略有差异。基于元学习的方法采用与基于度量的方法相同的嵌入函数。对基于模型微调的方法，其嵌入函数后还需要全连接层作为分类器。

1. 训练结果

所有的模型都使用辅助训练集分别 5 – way 5 – shot 和 5 – way 1 – shot 任务进行训练,超参数一致。对于改进原型网络,训练损失和验证精度在训练过程中的变化如图 6 – 13 所示。可以看出,训练损失在 30 轮次后收敛,验证精度在 35 轮次左右达到最大值。

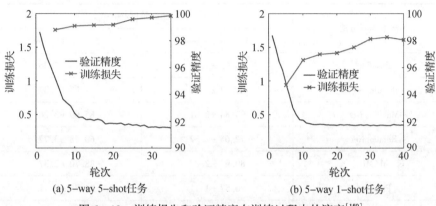

(a) 5-way 5-shot任务　　　　(b) 5-way 1-shot任务

图 6 – 13　训练损失和验证精度在训练过程中的演变[150]

表 6 – 6 显示了辅助验证集中的分类准确率。迁移学习方法,包括 Baseline 和 Baseline ++,不需要验证集,它们没有验证集结果。可以看出,RelationNet 和 MAML 的验证精度低于其他方法。

表 6 – 6　辅助验证集结果[150]

小样本学习方法	验证精度/%	
	5 – way 5 – shot	5 – way 1 – shot
MatchingNet	100 ± 0	98.54 ± 1.06
RelationNet	93.50 ± 4.67	87.34 ± 3.50
MAML	95.32 ± 4.73	89.64 ± 4.20
ProtoNet	100 ± 0	98.65 ± 1.19
Improved ProtoNet	99.84 ± 0.29	98.05 ± 1.78

2. 试件 DL – B 测试结果

采用试件 DL – B 的支持和测试集进行测试,分类精度见表 6 – 7。可以看出,改进原型网络(Improved ProtoNet)的测试准确率明显高于其他小样本学习方法。需要注意的是，DL-B试样的结构与DL-A试样的结构有很大的不同，这就导致了导波信号的差异很大。测试结果表明，改进原型网络可以有效地提高跨域场景的分类精度。此外，5-way 1-shot 任务的准确率略低于 5-way 5-shot 任务。与表6-6的结果相比，准确率均有所降低。

表6-7 试件DL-B数据测试结果[150]

小样本学习方法	测试精度/%	
	5-way 5-shot	5-way 1-shot
Baseline	96.63 ± 1.12	93.15 ± 2.36
Baseline ++	93.17 ± 1.72	61.04 ± 3.32
MatchingNet	93.84 ± 2.01	85.09 ± 3.26
RelationNet	72.65 ± 2.32	60.48 ± 3.77
MAML	89.92 ± 2.27	88.70 ± 2.37
ProtoNet	96.57 ± 1.11	94.75 ± 2.31
ProtoNet with attention module	96.82 ± 1.73	94.91 ± 1.91
ProtoNet with DBI	96.77 ± 1.62	95.58 ± 1.98
Improved ProtoNet	97.93 ± 1.08	95.80 ± 1.69

我们也分别对比了改进原型网络仅带注意模块（ProtoNet with attention module）和仅带DBI时（ProtoNet with DBI）的测试精度，以此验证Attention module和DBI的贡献。可以看出，Attention module和DBI都可以提高准确率。

对于其中一个插曲，测试数据集分类结果的混淆矩阵如图6-14所示。比较了改进原型网络和原型网络的混淆矩阵结果。实验证明，改进后的ProtoNet的分类精度高于原ProtoNet的分类精度。

3. 试件DL-C测试结果

采用试件DL-C的数据进行试验，分类精度见表6-8。从表中可以看出，改进原型网络的精度高于其他小样本学习方法。试验结果同时证明，提出的改进ProtoNet和数据增强方法都能提高跨域场景下的分类精度。也可以看出，表6-8所列结果的准确性高于表6-7的相应结果。主要原因是DL-C试样只有5个松动情况，而DL-B试样有13个松动情况，因此降低了DL-C试样的分类难度。

第6章 螺栓松动的深度学习导波监测

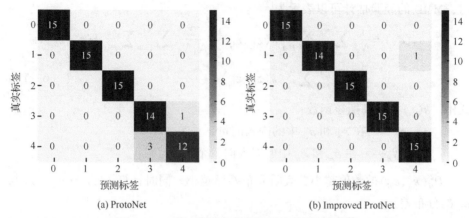

图 6-14 测试数据集分类结果的混淆矩阵[150]

表 6-8 试件 DL-C 数据测试结果[150]

小样本学习方法	测试精度/%	
	5-way 5-shot	5-way 1-shot
Baseline	98.95 ± 0.38	98.67 ± 0.47
Baseline ++	98.72 ± 0.94	78.95% ± 2.99
MatchingNet	98.13 ± 0.55	92.53% ± 1.61
RelationNet	88.24 ± 1.46	79.41% ± 2.14
MAML	97.38 ± 0.99	93.62 ± 1.54
Protonet	99.40 ± 0.23	99.26 ± 0.25
Improved ProtoNet	99.60 ± 0.22	99.37 ± 0.29

4. 嵌入向量分析

最大平均差异（MMD）是一种非参数距离度量，可以度量两个数据集之间的分布差异。在上述试验验证中，使用原型网络和改进原型网络在 5-way 5-shot 和 5-way 1-shot 任务中训练了四种不同的二维 CNN 嵌入函数。由一个嵌入函数计算得到的训练集和验证集的嵌入向量构成数据集 ε_A。由相同的嵌入函数计算得到的试件 DL-B 的支持集和测试集的嵌入向量构成数据集 ε_B，由相同的嵌入函数计算得到的来自试件 DL-C 的支持集和测试集的嵌入向量构成数据集 ε_C。可以通过计算 ε_A 与 ε_B 的分布差值来评价嵌入函数。此时，MMD 的经验估计可以表示为[222]：

$$\hat{D}_H^2(\varepsilon_A, \varepsilon_B) = \frac{1}{N_A} \sum_{i=1}^{N_A} \sum_{j=1}^{N_A} k(z_{A_i}, z_{A_j}) - \frac{2}{N_A N_B} \sum_{i=1}^{N_A} \sum_{j=1}^{N_B} k(z_{A_i}, z_{B_j}) + \frac{1}{N_B} \sum_{i=1}^{N_B} \sum_{j=1}^{N_B} k(z_{B_i}, z_{B_j}) \quad (6-17)$$

式中　　$k(\cdot)$——高斯核函数；

　　　　z_A，z_B——在 ε_A 和 ε_B 中的嵌入向量；

　　　　N_A，N_B——在 ε_A 和 ε_B 中的嵌入向量个数。

$\hat{D}_H^2(\varepsilon_A, \varepsilon_B)$ 的数值越小，表明分布差异越小。同时计算了 ε_A 与 ε_C、ε_B 与 ε_C 的分布差异。

MMD 结果如图 6-15 所示。可以看出，利用改进原型网络训练的嵌入函数可以有效地减小 ε_A 和 ε_B 之间的分布差异，还可以有效地减小 ε_A 与 ε_C 之间、ε_B 与 ε_C 之间的分布差异。该结果解释了为什么改进后的 ProtoNet 可以达到更好的分类精度。另外，5-way 5-shot 任务的嵌入函数得到的分布差异略小于 5-way 1-shot 任务的分布差异。

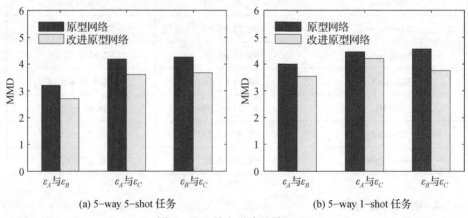

图 6-15　最大平均差异 MMD

6.4　基于多任务学习的导波温度补偿及螺栓预紧力监测

在工程实际中，结构的服役环境温度会不断发生变化，但是导波对环境温度的波动较为敏感。由于导波在螺栓连接中传播时信号复杂，因而补偿温度的影响是极具挑战性的。本节介绍了基于注意力的多任务网络，用于在大范围温度变化下精确检测多螺栓连接中的螺栓松动[159]。该网络通过在改进的 U–Net 架构中集成改进的注意力门模块建立用于温度补偿的注意力 U–Net，并在其后面串联一个两层卷积子网络用于识别螺栓松动。上述方法在模拟真实飞机结构的螺栓连接搭接板上进行了试验验证。

6.4.1 温度对于超声导波的影响机制

温度波动会引起机械结构、压电传感器和粘接层的弹性模量等材料性质变化，同时引起它们的尺寸变化。这样的温度变化可能会改变每个超声波包的形状、振幅和到达时间。然而，其主要影响是波包的到达时间的变化[155]，到达时间的变化可以用下式来计算[223]：

$$\delta t = \frac{L}{v_p}\left(\alpha - \frac{k_T}{v_p}\right)\delta T \tag{6-18}$$

式中　δT——温度变化量；
　　　L——传播距离；
　　　v_p——相速度；
　　　α——热膨胀系数；
　　　k_T——相速度随温度变化系数。

注意，k_T/v_p 的大小通常比 α 大 1~2 个数量级。因此，结构热膨胀的影响可以忽略。可见，导波的相速度和传播距离对信号相位变化有显著影响。因此，温度对不同模态导波的影响是不同的。式（6-18）仅适用于含有单个模态的导波波包。然而通过螺栓连接的导波，通常存在不同波包的叠加，因而目前常用的基线信号拉伸法（BSS）技术由于依赖于模态纯度很难有效补偿温度效应。

6.4.2 基于多任务学习的温度补偿与松动识别方法

多任务学习旨在共同学习多个相关的任务，通过利用相关任务训练信号中包含的领域特定信息来提高泛化能力，已成功地应用于机器学习的许多应用中。本节中构建了一个基于自注意机制的多任务网络来实现温度变化环境下的松动状态识别。该网络可以在对导波温度补偿后，进行螺栓松动状态的识别，包含温度补偿子网络和松动识别子网络。

1. 基于注意力 U–Net 的温度补偿子网络

U–Net 网络是 2015 年提出的一个分割模型[224]，初衷是为了解决医学图像分割问题。U‐Net 网络的左半部分用于下采样进行特征提取，右半部分是上采样部分，上采样时将新的特征与和左边对应通道的特征以拼接的方式进行特征融合。自注意力机制可以动态生成不同的连接权值，并且可以对远程依赖关系进行建模。学者进一步提出将注意力机制集成到 U‐Net 中[225]，以提高图像分割性能。

本小节提出了基于改进注意力门（Attention Gate，AG）的 U‐Net 网络，建立了一维注意力 U‐Net，用于不同损伤状态下的导波温度补偿。该网络在多任务模型中为温度补偿子网络，网络架构如图 6‐16 所示。图中的数字为通道数，随着通道的增加，卷积层可以提取更多的特征，但这也给网络带来了更多的参数。

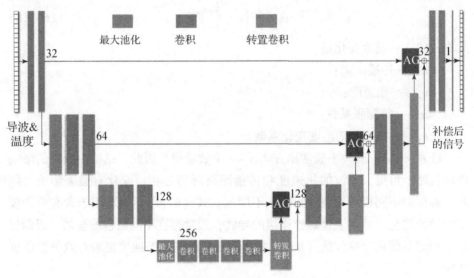

图 6‐16　温度补偿子网[159]

温度补偿子网络的输入特征有两个通道，第一个通道是导波信号向量，第二个通道是导波信号对应的温度向量。温度向量的长度与导波信号向量相同，且温度向量中每个元素的数值相同。在收缩路径中，使用卷积层从局部区域提取特征，使用三个最大池化层进行下采样。在扩展路径中，使用三个转置卷积层，它们是卷积运算的转置形式。

如图 6‐16 所示，扩展路径中转置卷积输出的高级特征被用作 AG 模块的门控信号，以突出来自收缩路径的相关特征。然后，将 AG 模块的输出特征直接添加到扩展路径的更高级的特征中。注意，这个加法操作不同于标准

U – Net 中的拼接操作（Concatenation）。此外，温度补偿子网络没有使用批量规范化层（Batch Normalization），这些变化带来了更好的温度补偿性能。

我们提出的改进一维 AG 模块架构如图 6 – 17 所示。图中 D 为通道数，M 为信号长度，α 为元素注意系数。⊕ 表示元素的加法，而 ⊗ 表示元素的乘法。在 AG 模块中，门控信号来自高级特征，输入特征来自低级特征。门控信号包含上下文信息，以修剪输入特征响应。

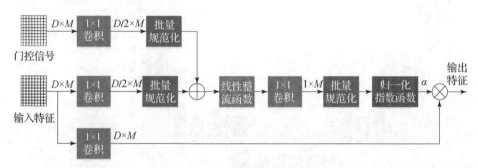

图 6 – 17　改进一维 AG 模块架构[159]

2. 螺栓松动状态识别的多任务网络

通过在温度补偿子网络后面串联一个松动识别子网络，建立了螺栓松动状态识别的多任务网络，网络架构如图 6 – 18 所示。识别子网络由两个卷积层、两个池化层和一个全连接层组成。此外，采用跳接方式将输入的导波信号与补偿后的信号串联起来，并将该双通道特征作为识别子网络的输入。识别子网络的输出是识别出的螺栓松动状态。因此，在多任务网络中有两个输出：补偿后的导波信号和螺栓松动状态。

3. 损失函数

对于温度补偿子网络，使用如下式所示的损失函数[159]。

$$\mathcal{L}_1 = \mathcal{L}_{MSE} + \lambda_{TV}\mathcal{L}_{TV} \tag{6-19}$$

式中　$\mathcal{L}_{MSE}$——测量实际导波信号与补偿导波信号之间的平均平方差的均方误差损失；

λ_{TV}——权衡参数；

$\mathcal{L}_{TV}$——总变差（Total variation，TV）正则器，用于约束实际导波信号与补偿导波信号之差的平滑性。

对于 1 维信号，$\mathcal{L}_{TV}$ 可以写成

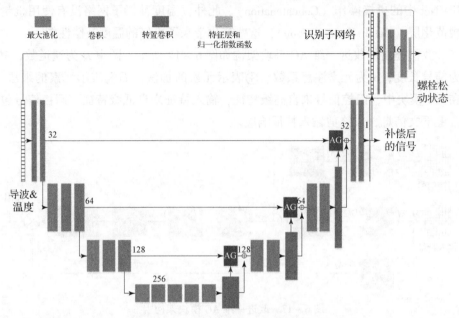

图 6-18 提出的多任务网络架构[159]

$$\mathcal{L}_{\mathrm{TV}} = \sum_{i=1}^{M-1} (d_{i+1} - d_i)^2 / (M-1) \qquad (6-20)$$

式中　M——信号长度；

　　　d——实际值与补偿值之差。

多任务网络的损失函数为

$$\mathcal{L} = \beta_m \mathcal{L}_1 + (1 - \beta_m) \mathcal{L}_2 \qquad (6-21)$$

式中　$\mathcal{L}_2$——松动识别子网络的交叉熵损失；

　　　β_m——小于 1 的权重系数。

6.4.3　多螺栓松动检测试验

为了验证基于注意力的多任务网络，采用二十四个螺栓连接的搭接铝板模拟飞机结构进行了试验。根据实际飞机结构确定了板厚、搭接宽度、螺栓尺寸和间距等参数。采用两个 PZT 传感器监测六个螺栓在温度变化下的拧紧力矩。利用测量到的导波信号建立了三个不同的训练和验证数据集。

1. 试验设置

试验采用的螺栓连接搭接板试件为如图 6-12（a）所示的试件 DL-B，

螺栓为 M6 钢螺栓，螺栓采用平垫。两块铝板用二十四个螺栓搭接，每块铝板尺寸为 380mm×266mm。试验中同样采用 PZT A 激发导波，PZT B 接收导波信号。激励信号为汉宁窗调制 3.5 周期正弦信号。采用 NI PXIe-5413 激发 PZT1，用 NI PXIe-5105 采集 PZT2 接收的导波信号，采样频率为 20MHz。

使用 STANLEY SD-030-22 扭矩扳手将 M6 螺栓紧固到预定扭矩。监测图中所示六个螺栓的不同松动状态，其余螺栓始终保持拧紧状态（8N·m）。试验共测量了十三种螺栓松动状态，每次仅有一个螺栓发生松动，如表 6-9 所列。

表 6-9　试验中的松动状态

松动工况	螺栓扭矩	松动工况	螺栓扭矩
1	No.1 0N·m，其余 8N·m	2	No.1 4N·m，其余 8N·m
3	No.2 0N·m，其余 8N·m	4	No.2 4N·m，其余 8N·m
5	No.3 0N·m，其余 8N·m	6	No.3 4N·m，其余 8N·m
7	No.4 0N·m，其余 8N·m	8	No.4 4N·m，其余 8N·m
9	No.5 0N·m，其余 8N·m	10	No.5 4N·m，其余 8N·m
11	No.6 0N·m，其余 8N·m	12	No.6 4N·m，其余 8N·m
13	全部 8N·m		

分别进行高、低温试验，采用 FLUKE 17B+数字万用表精确测量样品温度。对于高温试验，温度范围为 23~51℃。低温实验时，温度范围为 -16.2~35℃。每种松动状态的参考温度为 30℃±0.1℃。

2. 数据集构建

在模型训练中，导波信号在滤波后采用 Z-Score 进行归一化。为了对温度数据进行归一化，将测量温度与参考温度的差值除以 10，然后将其作为温度输入。

对于每种松动工况，先将指定的螺栓完全松动，然后拧紧到预定的扭矩。之后，使用温度控制器加热或冷却并保持 15min。以此在不同温度下测量导波信号，这一过程被称为一个拧紧批次。即使温度相同，不同的螺栓重复拧紧批次也会导致导波信号略微变化。因此在高温试验中，每种松动工况重复进行 3 个拧紧批次。一个拧紧批次有 15 个不同温度下的导波信号，因此一个松动状态共有 45 个导波信号。高温试验数据总数为 585 个，对应的温度分布如图 6-19（a）所示，共有 10 种不同的温度，每种相差 2.5℃。在低温试验中，每种松动状态有 2 个拧紧批次。一个拧紧批次测量了 22 个导波信号，这样一个松动工况共有 44 个导波数据，因而低温试验的数据总数为 572 个，其温度分布如图 6-19（b）所示，共有 11 种不同的温度，温度的间隔为 5℃。

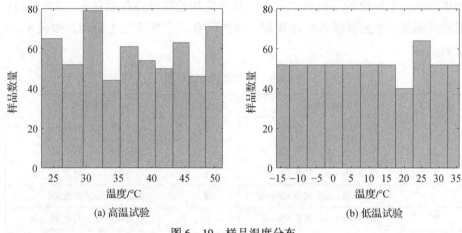

图 6-19 样品温度分布

可以看出，试样的温度分布基本均匀。随机选取 20% 处于松动工况的数据作为验证集，其余 80% 作为训练集。这样，训练集中有 936 个数据，验证集中有 221 个数据，该数据集称为"常规温度数据集"。

为验证所提出的多任务网络对不同拧紧批次的泛化能力，由于每种螺栓松动状态共有 5 个拧紧批次，为此采用 3 个拧紧批次的数据进行训练，另外 2 个拧紧批次进行验证。此时训练集中有 676 个样本，验证集中有 481 个样本。该数据集命名为"拧紧批次数据集"。

在实际操作中，环境温度可能不在训练温度范围内。在这种情况下，研究了所提出的多任务网络的泛化能力。对于每种螺栓松动状态，使用温度范围为 −5~45℃ 的样本进行训练，使用 −16.2~−5℃ 和 45~50℃ 的样本进行验证。此时，训练集中有 922 个样本，验证集中有 235 个样本。该数据集命名为"温度泛化数据集"。

3. 模型训练策略

对于多任务网络的训练，采用 Adam 优化算法，使用的超参数如表 6-10 所列。在训练过程中，学习率是动态变化的。

表 6–10　超参数值

超参数	数值
λ_{TV}	0.02
β_m	0.8
Epoch	120
Batch size	9
Initial learning rate	2e–3

6.4.4　多螺栓松动试验结果分析

本节将展示温度补偿和螺栓松动状态识别的结果，还验证了该模型的泛化能力。此外，还研究了 AG 模块和两个子网之间的跳过连接的影响。最后，将上述结果与典型卷积神经网络 SHMnet[134]的结果进行了比较，并讨论了温度补偿的影响。

1. 温度补偿和松动状态识别

在试验中，需要对输入导波信号的长度进行选择，为进行对比分别选择了长度为 25 μs、50 μs、75 μs 和 100 μs 的导波信号。使用常规温度数据集对多任务网络进行了训练和验证。当信号长度为 75 μs 时，训练过程中的损失和分类精度变化如图 6–20 所示，训练重复三次。验证集的平均分类准确率为 100%，标准差为 0%。

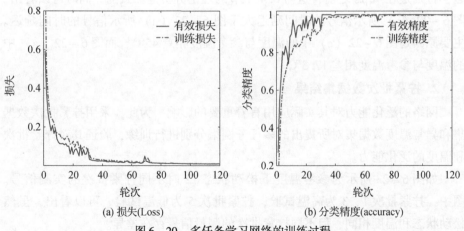

(a) 损失(Loss)　　(b) 分类精度(accuracy)

图 6–20　多任务学习网络的训练过程

当信号长度分别为 25μs、50μs 和 100μs 时，验证集的分类准确率如图 6-21 所示。可以看出，当长度为 75μs 时，精度最高。当长度为 25μs 时，准确度最低，仅为 90.2%。当长度为 50μs 和 100μs 时，准确度分别为 98.1% 和 99.5%。可以看出，导波信号过长或过短都会降低分类精度。

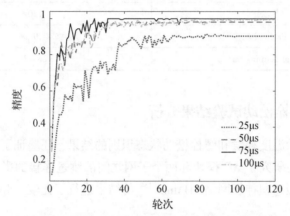

图 6-21　不同信号长度训练的多任务网络的验证精度

当信号长度为 75μs 时，温度补偿子网络输出的补偿后的导波信号如图 6-22 所示，并将其与未补偿导波信号和参考温度下测得的信号进行了比较。

从图中可以看出，温度补偿子网络输出的补偿信号与参考温度下测量的信号吻合良好。同时可以看出，随着温度的变化，导波信号的主要变化是时间延迟，特别是在 90μs 之前，这与 6.4.1 节的理论分析是一致的。同时可以看出，图 6-22（c）所示信号的时间延迟大于图 6-22（a）所示信号的时间延迟。主要原因是图 6-22（c）中的温度与参考温度相差 45℃，而图 6-22（a）中的温度与参考温度相差 17.3℃。

2. 拧紧批次数据集结果

网络的泛化能力对其实际应用有着重要的影响。为此，采用拧紧批次数据集和异常温度数据集对所提出的多任务网络分别进行训练，验证其对拧紧批次和温度的泛化能力。

如图 6-23 所示为参考温度下松动状态 12 时不同拧紧批次的实测信号。图中，拧紧批次 1、3 为高温试验，拧紧批次 5 为低温试验。可以看出，虽然松动状态和温度相同，但不同拧紧批次的测量信号存在差异。

第6章 螺栓松动的深度学习导波监测

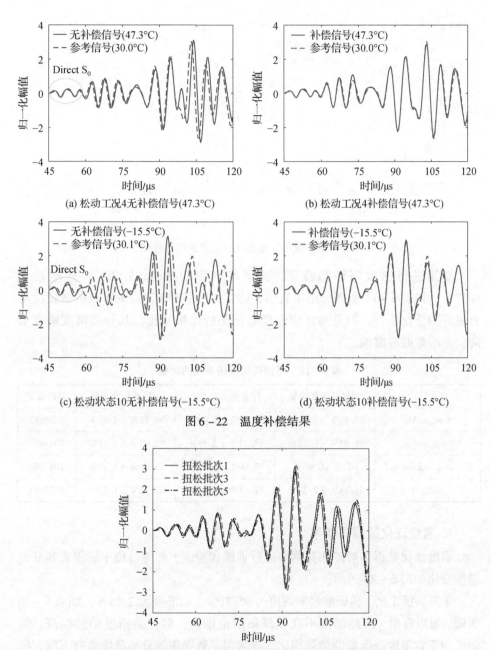

(a) 松动工况4无补偿信号(47.3°C)
(b) 松动工况4补偿信号(47.3°C)
(c) 松动状态10无补偿信号(-15.5°C)
(d) 松动状态10补偿信号(-15.5°C)

图 6-22 温度补偿结果

图 6-23 参考温度下松动状态12时不同拧紧批次的导波信号

对多任务学习网络通过拧紧批数据集进行训练和验证。训练过程中的损失和分类精度变化如图 6-24 所示。

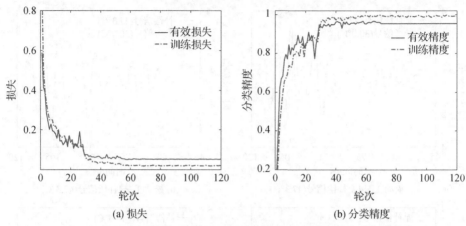

(a) 损失   (b) 分类精度

图 6-24 使用拧紧批次数据集的训练过程

重复进行三次训练和验证，验证准确率均值为 95.60%，标准差为 1.37%，如表 6-11 所列。结果表明，建立的网络对于不同的重复拧紧批次具有良好的泛化能力。但是与常规温度数据集的结果相比，其分类精度略有下降，标准差略有增加。

表 6-11 不同神经网络结果的比较

网络结构	常规温度数据集	拧紧批次数据集	温度泛化数据集	参数数量
Unet_noAG	98.46% ±1.07%	92.12% ±1.40%	90.43% ±4.63%	1003582
Unet_noskip	99.85% ±0.27%	93.43% ±2.59%	91.03% ±1.13%	1047607
The proposed network	100% ±0.00%	95.60% ±1.37%	95.31% ±2.55%	1047663
SHMnet	41.18% ±2.27%	42.47% ±0.42%	39.72% ±1.23%	6623693

3. 温度泛化数据集结果

温度泛化数据集对多任务网络进行训练和验证，训练过程中的损失和分类精度变化如图 6-25 所示。

重复训练 3 次，验证准确率均值为 95.31%，标准差为 2.55%，如表 6-10 所列。可以看出，虽然温度不在训练集的范围内，但分类精度仍然很高。然而，与正常温度数据集的结果相比，异常温度数据集的分类精度略有下降，标准差略有增加。将补偿后的导波信号与未补偿的导波信号以及参考温度下的测量信号进行对比，结果如图 6-26 所示。注意，此时的温度在训练数据集的温度范围之外。

第6章 螺栓松动的深度学习导波监测

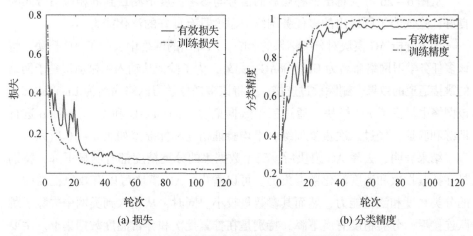

(a) 损失　　　　　　　　　　　　(b) 分类精度

图 6-25　使用异常温度数据集的训练过程

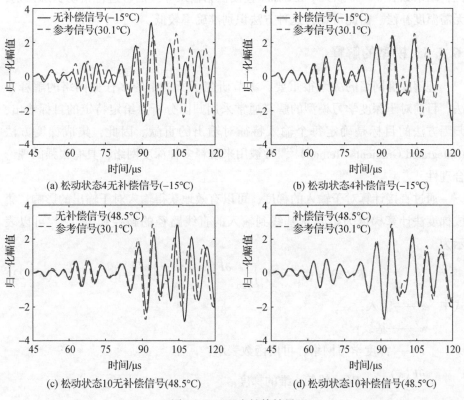

(a) 松动状态4无补偿信号(-15°C)　　　　(b) 松动状态4补偿信号(-15°C)

(c) 松动状态10无补偿信号(48.5°C)　　　(d) 松动状态10补偿信号(48.5°C)

图 6-26　温度补偿结果

从图 6-26 可以看出，补偿后的信号与参考温度下测量到的相应信号匹配良好，这证明了所提出的多任务网络对温度具有良好的泛化能力。

为了分析 AG 模块对分类结果的影响，从提出的网络中去除了 AG 模块，将该多任务学习网络命名为 Unet_noAG。另外，为了验证从输入到松动识别子网络的跳接通道的效果，删除跳过连接，并将该多任务学习网络命名为 Unet_noskip，该网络中保留了 AG 模块。通过三个数据集对 Unet_noAG 和 Unet_noskip 进行训练和验证。经过三次重复训练，平均验证精度和标准差如表 6-10 所列。

结果表明，去除 AG 模块后，三个数据集的分类精度都有明显下降，特别是在拧紧批次和温度泛化数据集上。可以看出，AG 模块可以有效地提高网络的分类精度和泛化能力，然而其参数量较小。同时，从输入到类网中去除了跳跃连接后，分类精度有所下降，特别是在拧紧批次和异常温度数据集上。主要由三个卷积层和三个全连接层组成的 SHMnet 也通过三个数据集进行训练和验证，结果如表 6-10 所列。SHMnet 直接根据输入导波信号进行松动状态识别，无需温度补偿。由此可见，这种方法识别准确率较低。

6.4.5 模型的解释

理解深度网络的决策很重要，本节研究了所提出的多任务网络的解释方法。目前对于深度学习模型的解释通常采用归因分析。给定特定的目标输出，归因方法的目标是确定每个输入特征对输出的贡献。因此，集成梯度方法（Integrated Gradients Method）[226] 常被用来解释多种深度网络，具有很强的理论合理性。

通过直接计算对于输入的梯度，可以有效地获得输入对于输出的影响。集成梯度法计算梯度为沿着从基线到输入的直线路径的路径积分[227]，可以表示为

$$R_i^o(x) = (x_i - x_i') \int_{\gamma=0}^{1} \frac{\partial F(x' + \gamma(x - x'))}{\partial x_i} d\gamma \qquad (6-22)$$

式中　x——输入；

　　　x'——基线；

　　　F——深度学习网络，可用函数表示；

　　　$\dfrac{\partial F(x)}{x_i}$——$F(x)$ 沿第 i 维的梯度。

基线 x' 由用户定义，通常选择为零。

第 6 章 螺栓松动的深度学习导波监测

对温度补偿自网络输出的补偿后的导波信号进行归因分析，此时只能为单个输出点计算归因。对于图 6-22 的结果，选择补偿信号中的一个峰值点，进行归因计算，结果如图 6-27 所示。可以看出，补偿后的峰值点主要取决于时移前的输入峰值点，也可以看出，远离该输入峰值点的输入信号没有贡献。

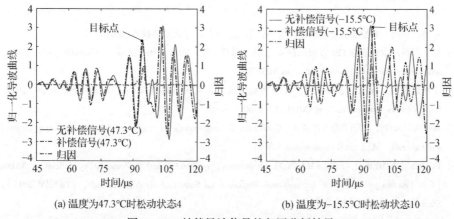

(a) 温度为47.3℃时松动状态4   (b) 温度为-15.5℃时松动状态10

图 6-27 补偿导波信号的归因分析结果

然后，利用集成梯度法对松动识别自网络的分类输出进行归因分析，此时输入信号与图 6-27 相同，归因结果如图 6-28 所示。可以看出，松散状态 4 和 10 的分类主要基于 60~105μs 的导波信号。此外，输入信号在 60μs 之前和 110μs 之后的属性非常小。第一个直达 S_0 波包为 45~60μs 左右。证明了直达 S_0 波包对螺栓松动引起的接触面积变化不敏感，原因应该是在 S_0 模式下，面内位移占主导地位。

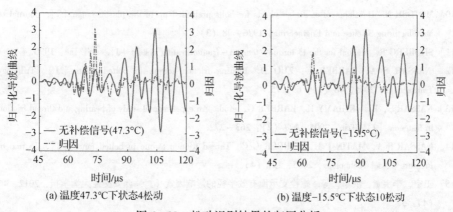

(a) 温度47.3℃下状态4松动   (b) 温度-15.5℃下状态10松动

图 6-28 松动识别结果的归因分析

参考文献

[1] 杜飞,徐超. 螺栓连接松动的导波监测技术综述[J]. 宇航总体技术, 2018, 2(3): 13-23.

[2] 科学百科. 中华航空120号班机空难[Z]. 科普中国. 2021. https://www.kepuchina.cn//article/articleinfo?business_type=100&ar_id=333568.

[3] 中国新闻网. 韩国3艘最新型214级潜艇因螺丝出问题被禁航[Z]. 中国网络电视台. 2011. https://news.cntv.cn/military/20110518/106095.html.

[4] MANAGEMENT A I S C O S H M A. Guidelines for implementation of structural health monitoring on fixed wing aircraft[M]. SAE International, 2021.

[5] BOCKENHEIMER C, SPECKMANN H. Validation, verification and implementation of SHM at Airbus[C]. Proceedings of the 9th International Workshop on Structural Health Monitoring (IWSHM 2013), Stanford, CA, USA, F, 2013.

[6] TODD M D, NICHOLS J M, NICHOLS C J, et al. An assessment of modal property effectiveness in detecting bolted joint degradation: theory and experiment[J]. Journal of Sound and Vibration, 2004, 275(3-5): 1113-1126.

[7] 斯怡兹. 实现螺栓可靠装配的10个步骤[M]. 朱正德,郭林健,译. 北京:机械工业出版社, 2010.

[8] JUVINALL R C, MARSHEK K M. Fundamentals of machine component design[M]. New JerSey: John Wiley & Sons, 2020.

[9] BICKFORD J. An introduction to the design and behavior of bolted joints, Revised and expanded[M]. London: Routledge, 2018.

[10] MOTOSH N. Development of design charts for bolts preloaded up to the plastic range[J]. Journal of Manufacturing Science and Engineering, 1976, 98(3).

[11] SHOBERG R. Manual for the t3 torque-tension-friction testing system[J]. GSE Inc, 1990.

[12] NASSAR S A, BARBER G, ZUO D. Bearing friction torque in bolted joints[J]. Tribology Transactions, 2005, 48(1): 69-75.

[13] NASSAR S, EL-KHIAMY H, BARBER G, et al. An experimental study of bearing and thread friction in fasteners[J]. Trib, 2005, 127(2): 263-272.

[14] NASSAR S A, MATIN P H, BARBER G C. Thread friction torque in bolted joints[J]. Journal of Pressure Vessel Technology, 2005, 127(4).

[15] 王宁,李宝童,洪军,等. 螺栓支承面有效半径的影响因素[J]. 西安交通大学学报, 2012, 46(4): 5.

[16] NASSAR S, SUN T. Surface roughness effect on the torque-tension relationship in threaded fasteners

[J]. Proceedings of the Institution of Mechanical Engineers, Part J: Journal of Engineering Tribology, 2007, 221 (2): 95 – 103.

[17] NASSAR S A, SUN T, ZOU Q B, 0148 – 7191 [R]. SAE Technical Paper, 2006.

[18] NASSAR S A, GANESHMURTHY S, RANGANATHAN R M, et al. Effect of tightening speed on the torque – tension and wear pattern in bolted connections [J]. Journal of pressure vessel technology, 2007, 129 (3): 1669 – 1681.

[19] OLIVER M P, JAIN V K. Effect of tightening speed on thread and under – head coefficient of friction [J]. Journal of ASTM International, 2005, 3 (3): 1 – 8.

[20] JIANG Y, CHANG J, LEE C – H. An experimental study of the torque – tension relationship for bolted joints [J]. International Journal of Materials and Product Technology, 2001, 16 (4 – 5): 417 – 429.

[21] GOULD H, MIKIC B, DSR Project 71821 – 68 [R]. Alabama: NASA Marshall Space Flight Center, 1970.

[22] FERNLUND I. A method to calculate the pressure between bolted or riveted plates [M]. Göteborg: Gumpert, 1961.

[23] NASSAR S A, ABBOUD A. An improved stiffness model for bolted joints [J]. ASME, 2009, 131 (12).

[24] CHANDRASHEKHARA K, MUTHANNA S. Analysis of a thick plate with a circular hole resting on a smooth rigid bed and subjected to axisymmetric normal load [J]. Acta mech, 1979, 33 (1): 33 – 44.

[25] SAWA T, KUMANO H, MOROHOSHI T. The contact stress in a bolted joint with a threaded bolt [J]. Experimental mechanics, 1996, 36 (1): 17 – 23.

[26] GOULD H H, MIKIC B B. Areas of contact and pressure distribution in bolted joints [J]. ASME, 1972, 94 (3): 864 – 870.

[27] FUKUOKA T, TAKAKI T. Finite element simulation of bolt – up process of pipe flange connections with spiral wound gasket [J]. Pressure Vessel Technol, 2003, 125 (4): 371 – 378.

[28] KIM J, YOON J – C, KANG B – S. Finite element analysis and modeling of structure with bolted joints [J]. Applied mathematical modelling, 2007, 31 (5): 895 – 911.

[29] OSKOUEI R, KEIKHOSRAVY M, SOUTIS C. Estimating clamping pressure distribution and stiffness in aircraft bolted joints by finite – element analysis [J]. Proceedings of the Institution of Mechanical Engineers, Part G: Journal of Aerospace Engineering, 2009, 223 (7): 863 – 871.

[30] KOMVOPOULOS K, GONG Z – Q. Stress analysis of a layered elastic solid in contact with a rough surface exhibiting fractal behavior [J]. International Journal of Solids and Structures, 2007, 44 (7 – 8): 2109 – 2129.

[31] 张国智, 张之敬, 金鑫, 等. 随机粗糙表面接触特性仿真预测方法研究 [J]. 系统仿真学报, 2008, 20 (22): 6190 – 6192.

[32] SAHOO P, GHOSH N. Finite element contact analysis of fractal surfaces [J]. Journal of Physics D: Applied Physics, 2007, 40 (14): 4245 – 4252.

[33] SUNIL KUMAR S, RAMAMURTHI K. Influence of flatness and waviness of rough surfaces on surface

contact conductance [J]. Heat Transfer, 2003, 125 (3): 394 – 402.

[34] 杨国庆. 固定结合面的螺栓连接工艺设计理论与方法研究 [D]. 西安: 西安交通大学, 2013.

[35] LI Y, JI H. Study on fire – retardant mechanism and fire – retardant recipe of self – lock FRP bolt [J]. Asian Journal of Chemistry, 2014, 26 (6): 1648 – 1650.

[36] 刘荣清, 秋黎凤. 自锁螺母的原理及应用 [J]. 纺织器材, 2008, 35 (B06): 52 – 54.

[37] CHEN J H, HSIEH S C, LEE A – C. The failure of threaded fasteners due to vibration [J]. Proceedings of the Institution of Mechanical Engineers, Part C: Journal of Mechanical Engineering Science, 2005, 219 (3): 299 – 314.

[38] HOLLAND M, TRAN D. Finite element modelling of threaded fastener loosening due to dynamic forces [C]. Proceedings of the Eighth International Conference on The Application of Artificial Intelligence to Civil and Structural Engineering Computing, Stirling Scotland, F 19 September 2001.

[39] GOODIER J N, SWEENEY R J. Loosening by vibration of threaded fastening [J]. Mechanical Engineering, 1945, 67: 798 – 802.

[40] SAUER J A, LEMON D C, LYNN E K. Bolts: how to prevent their loosening [J]. Machine Design, 1950, 22: 133 – 139.

[41] HESS D P, BASAVA S, RASQUINHA I A. Variation of clamping force in a single – bolt assembly subjected to axial vibration; proceedings of the ASME International Mechanical Engineering Congress and Exposition, F [C]. American Society of Mechanical Engineers, 1996.

[42] BASAVA S, HESS D. Bolted joint clamping force variation due to axial vibration [J]. Journal of Sound Vibration, 1998, 210 (2): 255 – 265.

[43] JUNKER G H. New criteria for self – loosening of fasteners under vibration [J]. SAE Transactions, 1969, 78: 314 – 335.

[44] 全国紧固件标准化技术委员会秘书处. 紧固件标准实施指南 [M]. 北京: 中国标准出版社, 2006.

[45] SAKAI T. Investigations of bolt loosening mechanisms: 1st report, on the bolts of transversely loaded joints [J]. Bulletin of JSME, 1978, 21 (159): 1385 – 1390.

[46] ZADOKS R I, YU X. A Preliminary Study of Self – Loosening in Bolted Connections [C]. proceedings of the ASME 1993 Design Technical Conferences, F, 1993.

[47] ZADOKS R, YU X. An investigation of the self – loosening behavior of bolts under transverse vibration [J]. Journal of Sound Vibration, 1997, 208 (2): 189 – 209.

[48] DAADBIN A, CHOW Y. A theoretical model to study thread loosening [J]. Mechanism Machine Theory, 1992, 27 (1): 69 – 74.

[49] LEHNHOFF T F, BUNYARD B A. Bolt Thread and Head Fillet Stress Concentration Factors [J]. Journal of Pressure Vessel Technology, 2000, 122 (2): 180 – 185.

[50] XU H, YANG L, YU L. Finite element modeling of early stage self – loosening of bolted joints [C]. Proceedings of the First International Conference on Information Sciences, Machinery, Materials and Energy, F, 2015.

[51] PAI N G, HESS D P. Three-dimensional finite element analysis of threaded fastener loosening due to dynamic shear load [J]. Engineering Failure Analysis, 2002, 9 (4): 383-402.

[52] IZUMI S, KIMURA M, SAKAI S. Small loosening of bolt-nut fastener due to micro bearing-surface slip: a finite element method study [J]. Journal of solid Mechanics Materials Engineering, 2007, 1 (11): 1374-1384.

[53] IZUMI S, YOKOYAMA T, KIMURA M, et al. Loosening-resistance evaluation of double-nut tightening method and spring washer by three-dimensional finite element analysis [J]. Engineering Failure Analysis, 2009, 16 (5): 1510-1519.

[54] IZUMI S, YOKOYAMA T, IWASAKI A, et al. Three-dimensional finite element analysis of tightening and loosening mechanism of threaded fastener [J]. Engineering Failure Analysis, 2005, 12 (4): 604-615.

[55] JIANG Y, ZHANG M, PARK T-W, et al. An experimental study of self-loosening of bolted joints [J]. Journal of mechanical design, 2004, 126 (5): 925-931.

[56] JIANG Y, ZHANG M, LEE C-H. A study of early stage self-loosening of bolted joints [J]. Journal of mechanical design, 2003, 125 (3): 518-526.

[57] 王崴, 徐浩, 马跃, 等. 振动工况下螺栓连接自松弛机理研究 [J]. 振动与冲击, 2014, 33 (22): 198-202.

[58] 谢子文. 螺纹连接结构自松动机理研究 [D]. 西安: 西北工业大学, 2017.

[59] ZHANG F, LIU J, DING X, et al. Experimental and finite element analyses of contact behaviors between non-transparent rough surfaces [J]. Journal of the Mechanics and Physics of Solids, 2019, 126: 87-100.

[60] NITTA I. Measurements of real contact areas using PET films (thickness, $0.9\mu m$) [J]. Wear, 1995, 181: 844-849.

[61] 富士胶片 (中国) 投资有限公司. Prescale [OL]. [2015-05-14]. http://www.fujifilm.com.cn/products/prescale/prescalefilm/prescalefilm.html.

[62] Liau J J, Cheng C K, Huang C H, et al. Effect of Fuji pressure sensitive film on actual contact characteristics of artificial tibiofemoral joint [J]. Clin Biomech (Bristol, Avon), 2002, 17 (9-10): 698-704.

[63] BROWN A, STRAZNICKY P. Simulating fretting contact in single lap splices [J]. International Journal of Fatigue, 2009, 31 (2): 375-384.

[64] DÖRNER F, KÖRBLEIN C, SCHINDLER C. On the accuracy of the pressure measurement film in hertzian contact situations similar to wheel-rail contact applications [J]. Wear, 2014, 317 (1-2): 241-245.

[65] MITTELBACH M, VOGD C, FLETCHER L, et al. The interfacial pressure distribution and thermal conductance of bolted joints [J]. ASME, 1994, 116 (4): 823-828.

[66] MANTELLI M B, MILANEZ F H, PEREIRA E N, et al. Statistical model for pressure distribution of bolted joints [J]. Journal of thermophysics and heat transfer, 2010, 24 (2): 432-437.

［67］ DEMARCO A, RUST D, BACHUS K. Measuring contact pressure and contact area in orthopedic applications: fuji film vs. tekscan［J］. Trans orthop res soc, 2000, 25: 518.

［68］ FREGLY B J, SAWYER W G. Estimation of discretization errors in contact pressure measurements［J］. Journal of biomechanics, 2003, 36 (4): 609–613.

［69］ DREWNIAK E I, CRISCO J J, SPENCINER D B, et al. Accuracy of circular contact area measurements with thin-film pressure sensors［J］. Journal of biomech, 2007, 40 (11): 2569–2572.

［70］ TEKSCAN I. Pressure Mapping Sensors［Z］. http://www.tekscan.com/Pressure-mapping-sensors.

［71］ 张伯军, 刘财, 冯恒, 等. 弹性动力学简明教程［M］. 2版. 北京: 科学出版社, 2011.

［72］ DRINKWATER B W, DWYERJOYCE R S, CAWLEY P. A study of the interaction between ultrasound and a partially contacting solid-solid interface［J］. P Roy Soc a-Math Phy, 1996, 452 (1955): 2613–2628.

［73］ PAU M, LEBAN B, BALDI A. Ultrasonic assessment of wear-induced modifications in engineering contacts［J］. Wear, 2009, 267 (5): 1117–1122.

［74］ MARSHALL M B, LEWIS R, DWYER-JOYCE R S. Characterisation of contact pressure distribution in bolted joints［J］. Strain, 2006, 42 (1): 31–43.

［75］ PAU M, BALDI A. Application of an Ultrasonic Technique to Assess Contact Performance of Bolted Joints［J］. Journal of Pressure Vessel Technology, 2007, 129 (1): 175.

［76］ LEWIS R, MARSHALL M B, DWYER-JOYCE R S. Measurement of interface pressure in interference fits［J］. Proceedings of the Institution of Mechanical Engineers, Part C: Journal of Mechanical Engineering Science, 2005, 219 (2): 127–139.

［77］ ZHANG J, DRINKWATER B W, DWYER-JOYCE R S. Acoustic measurement of lubricant-film thickness distribution in ball bearings［J］. J Acoust Soc Am, 2006, 119 (2): 863.

［78］ PAU M, AYMERICH F, GINESU F. Measurements of nominal contact area in metallic interfaces: a comparison between an ultrasonic method and a pressure-sensitive film［J］. Wear, 2001, 249 (5–6): 533–535.

［79］ YAO C W, ZHOU L Z, CHIEN Y X. Measurement of the contact area of a dovetail milling cutter using an ultrasonic method［J］. Measurement, 2013, 46 (9): 3211–3219.

［80］ YAO C W, CHIEN Y X. A diagnosis method of wear and tool life for an endmill by ultrasonic detection［J］. Journal of Manufacturing Systems, 2014, 33 (1): 129–138.

［81］ HUGHES D S, KELLY J L. Second-Order Elastic Deformation of Solids［J］. Physical Review, 1953, 92 (5): 1145–1149.

［82］ 田家勇, 胡莲莲. 固体声弹性理论、实验技术及应用研究进展［J］. 力学进展, 2010, 40 (6): 652–662.

［83］ JHANG K Y, QUAN H H, HA J, et al. Estimation of clamping force in high-tension bolts through ultrasonic velocity measurement［J］. Ultrasonics, 2006, 44 Suppl 1: 1339–1342.

［84］ JOHNSON G C, HOLT A C, CUNNINGHAM B. An ultrasonic method for determining axial stress in bolts［J］. Journal of Testing and Evaluation, 1986, 14 (5): 253–259.

[85] CHAKI S, CORNELOUP G, LILLAMAND I, et al. Combination of Longitudinal and Transverse Ultrasonic Waves for In Situ Control of the Tightening of Bolts [J]. Journal of Pressure Vessel Technology, 2007, 129 (3): 383-390.

[86] YASUI H, TANAKA H, FUJII I, et al. Ultrasonic measurement of axial stress in short bolts with consideration of nonlinear deformation [J]. JSME International Journal Series A Solid Mechanics and Material Engineering, 1999, 42 (1): 111-118.

[87] PAN Q, PAN R, CHANG M, et al. A shape factor based ultrasonic measurement method for determination of bolt preload [J]. NDT & E International, 2020, 111 (2): 102210.

[88] LIU E, LIU Y, WANG X, et al. Ultrasonic Measurement Method of Bolt Axial Stress Based on Time Difference Compensation of Coupling Layer Thickness Change [J]. Ieee T Instrum Meas, 2021, 70: 1-12.

[89] NASSAR S A, VEERAM A B. Ultrasonic Control of Fastener Tightening Using Varying Wave Speed [J]. Journal of Pressure Vessel Technology, 2006, 128 (3): 427-432.

[90] DING X, WU X, WANG Y. Bolt axial stress measurement based on a mode-converted ultrasound method using an electromagnetic acoustic transducer [J]. Ultrasonics, 2014, 54 (3): 914-920.

[91] 罗斯. 固体中的超声波 [M]. 何存富, 吴斌, 王秀彦, 译. 北京: 科学出版社, 2004.

[92] DOYLE D, REYNOLDS W, ARRITT B, et al. Computational setup of structural health monitoring for real-time thermal verification [C]. Proceedings of the ASME 2011 Conference on Smart Materials, Adaptive Structures and Intelligent Systems, F, 2011.

[93] BAO J, GIURGIUTIU V. Effects of fastener load on wave propagation through lap joint [C]. Proceedings of the SPIE Smart Structures and Materials + Nondestructive Evaluation and Health Monitoring, F, 2013.

[94] BAO J, SHEN Y, GIURGIUTIU V. Linear and Nonlinear Finite Element Simulation of Wave Propagation through Bolted Lap Joint [C]. 54th AIAA/ASME/ASCE/AHS/ASC Structures, Structural Dynamics, and Materials Conference, 2013.

[95] PARVASI S M, HO S C M, KONG Q, et al. Real time bolt preload monitoring using piezoceramic transducers and time reversal technique: A numerical study with experimental verification [J]. Smart materials and structures, 2016, 25 (8): 085015.

[96] LI N, WANG F, SONG G. Monitoring of bolt looseness using piezoelectric transducers: Three-dimensional numerical modeling with experimental verification [J]. Journal of Intelligent Material Systems and Structures, 2020,

[97] ZHU Y, LI F, HU Y. The contact characteristics analysis for rod fastening rotors using ultrasonic guided waves [J]. Measurement, 2020, 151 (19): 107149.

[98] YANG J, CHANG F-K. Detection of bolt loosening in C-C composite thermal protection panels: i. diagnostic principle [J]. Smart materials and structures, 2006, 15 (2): 581-590.

[99] SHEN Y, GIURGIUTIU V. Combined analytical FEM approach for efficient simulation of Lamb wave damage detection [J]. Ultrasonics, 2016, 69: 116-128.

[100] WILLBERG C, DUCZEK S, VIVAR – PEREZ J M, et al. Simulation Methods for Guided Wave – Based Structural Health Monitoring: A Review [J]. Applied Mechanics Reviews, 2015, 67 (1): 010803.

[101] SETSHEDI I I, LOVEDAY P W, LONG C S, et al. Estimation of rail properties using semi – analytical finite element models and guided wave ultrasound measurements [J]. Ultrasonics, 2019, 96: 240 – 252.

[102] DUAN W, GAN T – H. Investigation of guided wave properties of anisotropic composite laminates using a semi – analytical finite element method [J]. Composites Part B: Engineering, 2019, 173 (15): 106898.

[103] PEDDETI K, SANTHANAM S. Dispersion curves for Lamb wave propagation in prestressed plates using a semi – analytical finite element analysis [J]. The Journal of the Acoustical Society of America, 2018, 143 (2): 829.

[104] MEI H, GIURGIUTIU V. Guided wave excitation and propagation in damped composite plates [J]. Structural Health Monitoring, 2018, 18 (3): 690 – 714.

[105] SANDERSON R M, HUTCHINS D A, BILLSON D R, et al. The investigation of guided wave propagation around a pipe bend using an analytical modeling approach [J]. The Journal of the Acoustical Society of America, 2013, 133 (3): 1404 – 1414.

[106] QUAEGEBEUR N, OSTIGUY P, MASSON P. Hybrid empirical/analytical modeling of guided wave generation by circular piezoceramics [J]. Smart Materials and Structures, 2015, 24 (3): 035003.

[107] SHEN Y, GIURGIUTIU V. WaveFormRevealer: An analytical framework and predictive tool for the simulation of multi – modal guided wave propagation and interaction with damage [J]. Structural Health Monitoring, 2014, 13 (5): 491 – 511.

[108] ZHANG Z, LIU M, SU Z, et al. Quantitative evaluation of residual torque of a loose bolt based on wave energy dissipation and vibro – acoustic modulation: A comparative study [J]. Journal of Sound and Vibration, 2016, 383: 156 – 170.

[109] KEDRA R, RUCKA M. Research on assessment of bolted joint state using elastic wave propagation [J]. Journal of Physics: Conference Series, 2015, 628 (1): 012025.

[110] ING R K, FINK M. Time – reversed Lamb waves [J]. IEEE Transactions on ultrasonics, ferroelectrics and frequency control, 1998, 45 (4): 1032 – 1043.

[111] PODDAR B, KUMAR A, MITRA M, et al. Time reversibility of a Lamb wave for damage detection in a metallic plate [J]. Smart Materials and Structures, 2011, 20 (2): 025001.

[112] WATKINS R, JHA R. A modified time reversal method for Lamb wave based diagnostics of composite structures [J]. Mechanical Systems and Signal Processing, 2012, 31: 345 – 354.

[113] MUSTAPHA S, LU Y, LI J, et al. Damage detection in rebar – reinforced concrete beams based on time reversal of guided waves [J]. Structural Health Monitoring, 2014, 13 (4): 347 – 358.

[114] WANG T, LIU S, SHAO J, et al. Health monitoring of bolted joints using the time reversal method and piezoelectric transducers [J]. Smart Materials and Structures, 2016, 25 (2): 025010.

参考文献

[115] DU F, XU C, ZHANG J. A bolt preload monitoring method based on the refocusing capability of virtual time reversal [J]. Structural Control and Health Monitoring, 2019, 26 (8): 2370.

[116] DU F, XU C, WU G, et al. Preload Monitoring of Bolted L–Shaped Lap Joints Using Virtual Time Reversal Method [J]. Sensors, 2018, 18 (6): 1928.

[117] ZHANG M, SHEN Y, XIAO L, et al. Application of subharmonic resonance for the detection of bolted joint looseness [J]. Nonlinear Dynamics, 2017, 88 (3): 1643–1653.

[118] SHEN Y, BAO J, GIURGIUTIU V. Health Monitoring of Aerospace Bolted Lap Joints Using Nonlinear Ultrasonic Spectroscopy: Theory and Experiments [C]. Proceedings of the 9th International Workshop on Structural Health Monitoring, Stanford University, CA, USA, F, 2013.

[119] AMERINI F, MEO M. Structural health monitoring of bolted joints using linear and nonlinear acoustic/ultrasound methods [J]. Structural Health Monitoring, 2011, 10 (6): 659–672.

[120] ZHANG Z, XU H, LIAO Y, et al. Vibro–Acoustic Modulation (VAM)–inspired structural integrity monitoring and its applications to bolted composite joints [J]. Composite Structures, 2017, 176: 505–515.

[121] ZHANG Z, LIU M, LIAO Y, et al. Contact acoustic nonlinearity (CAN)–based continuous monitoring of bolt loosening: Hybrid use of high–order harmonics and spectral sidebands [J]. Mechanical Systems and Signal Processing, 2018, 103: 280–294.

[122] GONG H, HUANG J, LIU J, et al. Proof–of–concept study of high–order sideband for bolt loosening detection using vibroacoustic modulation method [J]. Mechanical Systems and Signal Processing, 2022, 169 (15).

[123] WANG F, SONG G. Monitoring of multi–bolt connection looseness using a novel vibro–acoustic method [J]. Nonlinear Dynamics, 2020, 100 (1): 243–254.

[124] MEYER J J, ADAMS D E. Theoretical and experimental evidence for using impact modulation to assess bolted joints [J]. Nonlinear Dynamics, 2015, 81 (1–2): 103–117.

[125] NAZARKO P, ZIEMIANSKI L. Force identification in bolts of flange connections for structural health monitoring and failure prevention [J]. Procedia Structural Integrity, 2017, 5: 460–467.

[126] SUI X, DUAN Y, YUN C, et al. Bolt looseness detection and localization using wave energy transmission ratios and neural network technique [J]. Journal of Infrastructure Intelligence and Resilience, 2023, 2 (1).

[127] WU G, XU C, DU F, et al. A modified time reversal method for guided wave detection of bolt loosening in simulated thermal protection system panels [J]. Complexity, 2018.

[128] MITA A, FUJIMOTO A. Active detection of loosened bolts using ultrasonic waves and support vector machines [C]. Proceeding of the 5th international workshop on structural health monitoring, F, 2005.

[129] WANG F, CHEN Z, SONG G. Monitoring of multi–bolt connection looseness using entropy–based active sensing and genetic algorithm–based least square support vector machine [J]. Mechanical systems and signal processing, 2020, 136.

[130] WU S, XING S, DU F, et al. Bolt Loosening Detection Based on Principal Component Analysis and

Support Vector Machine [C]. Proceedings of the International Conference on Neural Computing for Advanced Applications, F, 2022.

[131] JALALPOUR M, EL-OSERY A I, AUSTIN E M, et al. Health monitoring of 90° bolted joints using fuzzy pattern recognition of ultrasonic signals [J]. Smart Materials and Structures, 2014, 23 (1): 015017.

[132] LIANG D, YUAN S. Decision fusion system for bolted joint monitoring [J]. Shock and Vibration, 2015.

[133] WANG F, CHEN Z, SONG G. Smart crawfish: A concept of underwater multi-bolt looseness identification using entropy-enhanced active sensing and ensemble learning [J]. Mechanical Systems and Signal Processing, 2021, 149.

[134] ZHANG T, BISWAL S, WANG Y. SHMnet: Condition assessment of bolted connection with beyond human-level performance [J]. Structural Health Monitoring, 2019, 19 (4): 1188-1201.

[135] LIU H, ZHANG Y. Deep learning based crack damage detection technique for thin plate structures using guided lamb wave signals [J]. Smart Materials and Structures, 2020, 29 (1).

[136] EWALD V, GROVES R M, BENEDICTUS R, et al. DeepSHM: a deep learning approach for structural health monitoring based on guided Lamb wave technique [M]. Sensors and Smart Structures Technologies for Civil, Mechanical, and Aerospace Systems 2019.

[137] ALGURI K S, MELVILLE J, HARLEY J B. Structural damage detection using deep learning of ultrasonic guided waves [J]. The Journal of the Acoustical Society of America, 2018, 143 (6): 3807.

[138] SU C, JIANG M, LV S, et al. Improved damage localization and quantification of CFRP using lamb waves and convolution neural network [J]. IEEE Sens J, 2019, 19 (14): 5784-5791.

[139] ZHANG B, HONG X, LIU Y. Multi-task deep transfer learning method for guided wave based integrated health monitoring using piezoelectric transducers [J]. IEEE Sens J, 2020, 20 (23): 14391-14400.

[140] HU C, XU J, LI Y. Slight Looseness Detection of Reinforcing Bar's Threaded Sleeve Connections Using Convolutional Neural Network Trained by Magnetostrictive Guided Wave Signals [J]. Journal of Nondestructive Evaluation, 2021, 40 (1).

[141] 梁基重, 葛健, 宋建成, 等. 基于卷积神经网络的气体绝缘盆式绝缘子螺栓松动检测方法 [J]. 应用声学, 2023, 42 (3): 566-576.

[142] LI X X, LI D, REN W X, et al. Loosening Identification of Multi-Bolt Connections Based on Wavelet Transform and ResNet-50 Convolutional Neural Network [J]. Sensors, 2022, 22 (18).

[143] YUAN C, WANG S, QI Y, et al. Automated structural bolt looseness detection using deep learning-based prediction model [J]. Structural control and health monitoring, 2021, 29 (3).

[144] WANG F, SONG G. A novel percussion-based method for multi-bolt looseness detection using one-dimensional memory augmented convolutional long short-term memory networks [J]. Mechanical Systems and Signal Processing, 2021, 161.

[145] SABOUR S, FROSST N, HINTON G E. Dynamic routing between capsules [C]. 31st conference on neural information processing systems. Red Hook, NY, USA. Curran Associates Inc. 2017.

[146] WANG F, SONG G. 1D – TICapsNet: An audio signal processing algorithm for bolt early looseness detection [J]. Structural health monitoring, 2020.

[147] HUANG J, LIU J, GONG H, et al. CDMTNet: A novel transfer learning model for the loosening detection of mechanical structures with threaded fasteners [J]. Structural health monitoring, 2023, 22 (6): 3840 – 3855.

[148] CHEN W – Y, LIU Y – C, KIRA Z, et al. A Closer Look at Few – shot classification [C]. Proceedings of the International Conference on Learning Representations, F, 2018.

[149] ZHANG H, LIN J, HUA J, et al. Attention – based interpretable prototypical network towards small – sample damage identification using ultrasonic guided waves [J]. Mechanical systems and signal processing, 2023, 188.

[150] DU F, WU S W, TIAN Z X, et al. An Improved Prototype Network and Data Augmentation Algorithm for Few – Shot Structural Health Monitoring Using Guided Waves [J]. IEEE Sens J, 2023, 23 (8): 8714 – 8726.

[151] LU Y, MICHAELS J E. A methodology for structural health monitoring with diffuse ultrasonic waves in the presence of temperature variations [J]. Ultrasonics, 2005, 43 (9): 717 – 731.

[152] YUE N, ALIABADI M H. A scalable data – driven approach to temperature baseline reconstruction for guided wave structural health monitoring of anisotropic carbon – fibre – reinforced polymer structures [J]. Structural health monitoring, 2019.

[153] FENDZI C, REBILLAT M, MECHBAL N, et al. A data – driven temperature compensation approach for Structural Health Monitoring using Lamb waves [J]. Structural health monitoring, 2016, 15 (5): 525 – 540.

[154] HARLEY J B, MOURA J M. Scale transform signal processing for optimal ultrasonic temperature compensation [J]. IEEE transactions on ultrasonics, ferroelectrics, frequency control, 2012, 59 (10): 2226 – 2236.

[155] CROXFORD A J, MOLL J, WILCOX P D, et al. Efficient temperature compensation strategies for guided wave structural health monitoring [J]. Ultrasonics, 2010, 50 (4 – 5): 517 – 528.

[156] YING Y, GARRETT J H, OPPENHEIM I J, et al. Toward data – driven structural health monitoring: application of machine learning and signal processing to damage detection [J]. Journal of computing in civil engineering, 2013, 27 (6): 667 – 680.

[157] WANG P, ZHOU W, BAO Y, et al. Ice monitoring of a full – scale wind turbine blade using ultrasonic guided waves under varying temperature conditions [J]. Structural control and health monitoring, 2018, 25 (4): 2138.

[158] LIU C, HARLEY J B, BERGéS M, et al. Robust ultrasonic damage detection under complex environmental conditions using singular value decomposition [J]. Ultrasonics, 2015, 58: 75 – 86.

[159] DU F, WU S, XING S, et al. Temperature compensation to guided wave – based monitoring of bolt

loosening using an attention – based multi – task network [J]. Structural Health Monitoring, 2023, 22 (3): 1893 – 1910.

[160] YANG G, HONG J, ZHU L, et al. Three – dimensional finite element analysis of the mechanical properties of helical thread connection [J]. Chinese Journal of Mechanical Engineering, 2013, 26 (3): 564 – 572.

[161] FUKUOKA T, NOMURA M. Proposition of Helical Thread Modeling With Accurate Geometry and Finite Element Analysis [J]. Journal of Pressure Vessel Technology, 2008, 130 (1).

[162] FUKUOKA T, NOMURA M. True Cross Sectional Area of Screw Threads With Helix and Root Radius Geometries Taken Into Consideration [J]. Journal of Pressure Vessel Technology, 2008, 131 (2).

[163] 汪敏, 石少卿, 阳友奎. 减压环耗能性能的静力试验及动力有限元分析 [J]. 振动与冲击, 2011, 30 (04): 188 – 193.

[164] OLIVER M P, JAIN V K. Effect of tightening speed on thread and under – head coefficient of friction [J]. Journal of ASTM International, 2006, 3 (3): 45 – 52.

[165] 龚中良, 黄平. 基于热力耦合的滑动摩擦系数模型与计算分析 [J]. 华南理工大学学报 (自然科学版), 2008, 36 (4): 10 – 13.

[166] 杜飞. 装配结合面接触特性的超声检测方法研究 [D]. 西安: 西安交通大学, 2015.

[167] KENDALL K, TABOR D. An Ultrasonic Study of the Area of Contact between Stationary and Sliding Surfaces [J]. Proceedings of the Royal Society A: Mathematical, Physical and Engineering Sciences, 1971, 323 (1554): 321 – 340.

[168] DWYER – JOYCE R S. The Application of Ultrasonic NDT Techniques in Tribology [J]. Proceedings of the Institution of Mechanical Engineers, Part J: Journal of Engineering Tribology, 2005, 219 (5): 347 – 366.

[169] MULVIHILL D M, BRUNSKILL H, KARTAL M E, et al. A Comparison of Contact Stiffness Measurements Obtained by the Digital Image Correlation and Ultrasound Techniques [J]. Experimental Mechanics, 2013, 53 (7): 1245 – 1263.

[170] KROLIKOWSKI J, SZCZEPEK J, WITCZAK Z. Ultrasonic Investigation of Contact between Solids under High Hydrostatic – Pressure [J]. Ultrasonics, 1989, 27 (1): 45 – 49.

[171] BIWA S, HIRAIWA S, MATSUMOTO E. Stiffness evaluation of contacting surfaces by bulk and interface waves [J]. Ultrasonics, 2007, 47 (1 – 4): 123 – 129.

[172] KROLIKOWSKI J, SZCZEPEK J. Prediction of contact parameters using ultrasonic method [J]. Wear, 1991, 148 (1): 181 – 95.

[173] DU F, HONG J, XU Y. An acoustic model for stiffness measurement of tribological interface using ultrasound [J]. Tribology International, 2014, 73: 70 – 77.

[174] LOWE M J S. Matrix Techniques for Modeling Ultrasonic – Waves in Multilayered Media [J]. IEEE T Ultrason Ferr, 1995, 42 (4): 525 – 542.

[175] ROKHLIN S I, WANG Y J. Analysis of boundary conditions for elastic wave interaction with an interface between two solids [J]. The journal of the acoustical society of america, 1991, 89 (2): 503 – 515.

[176] 张义同. 热粘弹性理论 [M]. 天津：天津大学出版社, 2002.

[177] HAINES N F. The theory of sound transmission and reflection at contacting surfaces [J]. Berkeley Nuclear Laboratories RD/B, 1980.

[178] SHERIF H A, KOSSA S S. Relationship between Normal and Tangential Contact Stiffness of Nominally Flat Surfaces [J]. Wear, 1991, 151 (1): 49 – 62.

[179] JIANG S, ZHENG Y, ZHU H. A Contact Stiffness Model of Machined Plane Joint Based on Fractal Theory [J]. Journal of Tribology, 2010, 132 (1): 011401.

[180] DWYER – JOYCE R S, QUINN A M, DRINKWATER B W. Experimental procedure for mapping hertzian contacts [J]. Sci China ser a, 2001, 44: 423 – 430.

[181] YAO C W, CHIEN Y X. A Study of the Contact Interface of a T – slot Milling Cutter Using an Ultrasonic Method [J]. Machining Science and Technology, 2014, 18 (3): 348 – 366.

[182] YAO C W, WU C C. A study of contact interface and wear diagnosis for hand taps using ultrasonic method [J]. Applied Acoustics, 2014, 85: 46 – 56.

[183] 杜飞, 洪军, 李宝童, 等. 结合面参数的超声检测方法研究 [J]. 西安交通大学学报, 2013, 47 (3): 18 – 23.

[184] KOGUT L, ETSION I. A finite element based elastic – plastic model for the contact of rough surfaces [J]. Tribology Transactions, 2003, 46 (3): 383 – 390.

[185] SEPEHRI A, FARHANG K. Closed – Form Equations for Three Dimensional Elastic – Plastic Contact of Nominally Flat Rough Surfaces [J]. J Tribol – T Asme, 2009, 131 (4): 041402.

[186] KOGUT L, ETSION I. Elastic – plastic contact analysis of a sphere and a rigid flat [J]. J appl mecht – asme, 2002, 69 (5): 657 – 662.

[187] CHANG W R, ETSION I, BOGY D B. An elastic – plastic model for the contact of rough surfaces [J]. Journal of Tribology – Transactions of the Asme, 1987, 109 (2): 257 – 263.

[188] DU F, LI B, HONG J. Application of ultrasound technique to evaluate contact condition on the faying surface of riveted joints [J]. Proceedings of the Institution of Mechanical Engineers, Part J: Journal of Engineering Tribology, 2015, 229 (10): 1161 – 1169.

[189] MURNAGHAN F D. Finite deformations of an elastic solid [J]. American Journal of Mathematics, 1937, 59 (2): 235 – 260.

[190] 徐春广, 李卫彬. 无损检测超声波理论 [M]. 北京：科学出版社, 2020.

[191] MATERIALS A S F T. Measuring the Change in Length of Bolts Using the Ultrasonic Pulse – Echo Technique [M]. West Conshohocken: ASTM International. 2020.

[192] 沈子文. 基于过零检测的多声道气体超声波流量计信号处理中关键技术研究 [D]. 合肥：合肥工业大学, 2017.

[193] MITRA M, GOPALAKRISHNAN S. Guided wave based structural health monitoring: A review [J]. Smart Materials and Structures, 2016, 25 (5): 053001.

[194] DU F, XU C, REN H, et al. Structural health monitoring of bolted joints using guided waves: a review [M] Intech London, 2018: 163 – 180.

[195] GIURGIUTIU V. Structural Health Monitoring with Piezoelectric Wafer active sensors [M]. 2 ed. Waltham: Elsevier, 2014.

[196] 吴冠男, 裘群海, 王腾, 等. 弹性波在螺栓搭接结构中传播行为的数值模拟 [J]. 应用力学学报, 2018, 35 (03): 458-464.

[197] DU F, WU S, SHENG R, et al. Investigation into the transmission of guided waves across bolt jointed plates [J]. Applied Acoustics, 2022, 196: 108866.

[198] CHANG W R, ETSION I, BOGY D B. An elastic-plastic model for the contact of rough surfaces [J]. Journal of Tribology, 1987, 109: 257-263.

[199] MOSER F, JACOBS L J, QU J J N, et al. Modeling elastic wave propagation in waveguides with the finite element method [J]. E international 1999, 32 (4): 225-234.

[200] GUO N, CAWLEY P. The interaction of Lamb waves with delaminations in composite laminates [J]. Journal of the Acoustical Society of America, 1993, 94 (4): 2240-2246.

[201] YANG J, CHANG F-K. Detection of bolt loosening in C-C composite thermal protection panels: II. experimental verification [J]. Smart Materials and Structures, 2006, 15 (2): 591-599.

[202] WANG T, SONG G, WANG Z, et al. Proof-of-concept study of monitoring bolt connection status using a piezoelectric based active sensing method [J]. Smart Materials and Structures, 2013, 22 (8): 087001.

[203] MONTOYA A, DOYLE D, MAJI A, et al. Ultrasonic Evaluation of Bolted Connections in Satellites [J]. Research in Nondestructive Evaluation, 2014, 25 (1): 44-62.

[204] PARK H W, SOHN H, LAW K H, et al. Time reversal active sensing for health monitoring of a composite plate [J]. Journal of sound and vibration, 2007, 302 (1-2): 50-66.

[205] 郑磊. 管道闭合裂纹振动声调制检测方法研究 [D]. 北京: 北京工业大学, 2013.

[206] 罗志伟. 基于振动声调制技术的螺栓结构紧固状态检测方法研究 [D]. 哈尔滨: 哈尔滨工业大学, 2016.

[207] PIECZONKA L, KLEPKA A, MARTOWICZ A, et al. Nonlinear vibroacoustic wave modulations for structural damage detection: an overview [J]. Optical Engineering, 2015, 55 (1).

[208] 伊恩·古德费洛, 约书亚·本吉奥, 亚伦·库维尔. 深度学习 [M]. 赵申剑, 等译. 北京: 人民邮电出版社, 2017.

[209] 邱锡鹏. 神经网络与深度学习 [M]. 北京: 机械工业出版社, 2020.

[210] 邢思思. 基于深度学习的结构导波损伤检测方法 [D]. 西安: 西北工业大学, 2022.

[211] KRIZHEVSKY A, SUTSKEVER I, HINTON G E. ImageNet classification with deep convolutional neural networks [J]. Communications of the ACM, 2017, 60 (6): 84-90.

[212] TIAN Z, JIANG L, XING S, et al. Research on CNN Based Ultrasonic Guided Wave Multi-bolt Connection Looseness Detection [C]. Proceedings of the 2023 IEEE 11th International Conference on Information, Communication and Networks (ICICN), 2023.

[213] KRIZHEVSKY A, SUTSKEVER I, HINTON G E. ImageNet classification with deep convolutional neural networks [J]. Communications of the ACM, 2012, 60: 84-90.

[214] WANG Y, YAO Q, KWOK J T, et al. Generalizing from a Few Examples: A Survey on Few-shot Learning [J]. ACM Computing Surveys, 2021, 53 (3): 1-34.

[215] FINN C, ABBEEL P, LEVINE S. Model-agnostic meta-learning for fast adaptation of deep networks [C]. Proceedings of the International Conference on Machine Learning, F, 2017.

[216] SANTORO A, BARTUNOV S, BOTVINICK M, et al. Meta-learning with memory-augmented neural networks [C]. ICML 16: Proceedings of the 33rd International Conference on International Conference on Machine Learning, 2016, 48: 1842-1850.

[217] KOCH G, ZEMEL R, SALAKHUTDINOV R. Siamese neural networks for one-shot image recognition [C]. Proceedings of the ICML deep learning workshop, 2015.

[218] VINYALS O, BLUNDELL C, LILLICRAP T, et al. Matching Networks for One Shot Learning [C]. Proceedings of the 30th Conference on Neural Information Processing Systems, 2016. NY, United States.

[219] SNELL J SWERSKY K, ZEMEL R. Prototypical networks for Few-shot Learning [C]. Proceedings of the 31st Conference on Neural Information Processing Systems, 2017.

[220] 周志华. 机器学习（第一版）[M]. 北京：清华大学出版社，2016.

[221] SUNG F, YANG Y, ZHANG L, et al. Learning to compare: Relation network for few-shot learning [C]. Proceedings of the IEEE Conference on Computer Vision and pattern recognition, 2018.

[222] YANG B, LEI Y, JIA F, et al. An intelligent fault diagnosis approach based on transfer learning from laboratory bearings to locomotive bearings [J]. Mechanical Systems and Signal Processing, 2019, 122: 692-706.

[223] CROXFORD A J, WILCOX P D, DRINKWATER B W, et al. Strategies for guided-wave structural health monitoring [J]. Proceedings of the Royal Society A: Mathematical, Physical and Engineering Sciences, 2007, 463 (2087): 2961-2981.

[224] RONNEBERGER O, FISCHER P, BROX T. U-net: Convolutional networks for biomedical image segmentation [C]. Proceedings of the International Conference on Medical image Computing and Computer-assisted Intervention, F, 2015.

[225] OKTAY O, SCHLEMPER J, FOLGOC L L, et al. Attention U-net: Learning where to look for the pancreas [C]. 1st Conference on Medical Imaging with Deep Learning (MIDL 2018).

[226] SUNDARARAJAN M, TALY A, YAN Q. Axiomatic Attribution for Deep Networks [C]. Proceedings of the The 34th International Conference on Machine Learning, Sydney, Australia, F, 2017.

[227] MARCO ANCONA E C, CENGIZ Ö, MARKUS G. Towards better understanding of gradient-based attribution methods for deep neural networks [C]. International Conference on Learning Representations, 2018.

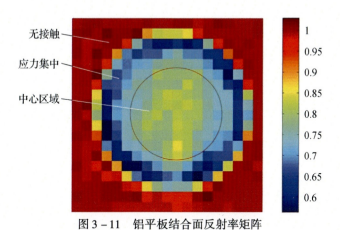

图 3-11 铝平板结合面反射率矩阵

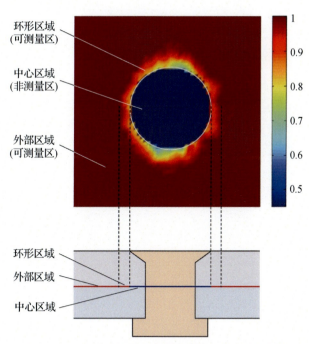

图 3-24 30000N 铆接力下铆钉搭接面的反射率矩阵
（上：反射率矩阵；下：三个区域的对应位置）[188]

彩1

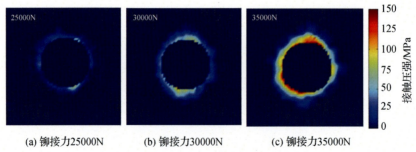

(a) 铆接力25000N　　(b) 铆接力30000N　　(c) 铆接力35000N

图 3-25　铆钉搭接面的接触压强分布[188]

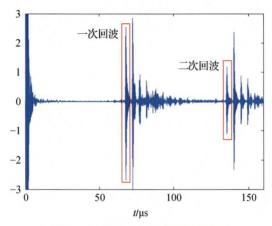

图 4-6　螺栓中的超声回波信号